Thomas Kellersohn
Paul Schlöder

Besser in

Chemie

1./2. Lernjahr

Für alle Schularten

Cornelsen
SCRIPTOR

Über die Autoren:
Dr. Thomas Kellersohn unterrichtet Chemie, Physik und Naturwissenschaften/Technik an einem Gymnasium in Freiburg und ist als Lehrbeauftragter für das Fach Chemie am Studienseminar in Freiburg tätig.
Dr. Paul Schlöder unterrichtet Chemie und Biologie an einem Gymnasium in Langen (Hessen).

Bildquellen:
Bibliographisches Institut, Mannheim: S. 20, 67, 68, 83, 88, 89, 96; Volker Döring: S. 85.4; Marianne Goldberg: S. 64.1, 64.2, 83.1, 85.1-3, 85.5, 96.2; Boris Mahler, Berlin: S. 63; Heinz Mahler, Berlin: S. 63, 68; Karin Mall: S. 7.9-12; MEV Verlag, Augsburg: S. 95; © WoGi - Fotolia.com: S. 7

Bibliografische Information der Deutschen Nationalbibliothek
Die Deutsche Nationalbibliothek verzeichnet diese Publikation in der Deutschen Nationalbibliografie; detaillierte bibliografische Daten sind im Internet über http://dnb.d-nb.de abrufbar.

2., überarbeitete Auflage

D C B A
Bibliographisches Institut GmbH
Bouchéstraße 12, 12435 Berlin

Redaktionelle Leitung: Anika Donner, Heike Krüger-Beer, Constanze Schöder
Redaktion: Dr. Angelika Fallert-Müller
Illustrationen: Rainer J. Fischer
Herstellung: Petra Bachmann, Weinheim
Layoutkonzept: Horst Bachmann, Weinheim
Umschlaggestaltung: glas AG, Seeheim-Jugenheim
Satz/Layout: Dagmar Lemme, Berlin
Druck und Bindung: Stürtz GmbH,
Alfred-Nobel-Str. 33, 97080 Würzburg
Printed in Germany

ISBN 978-3-411-87132-2

Liebe Schülerin, lieber Schüler,

dieses Chemiebuch aus der Reihe „Besser in" hilft dir, deine Kenntnisse im Fach Chemie zu verbessern. Du kannst gezielt Stoff nachholen und wiederholen, um sicherer zu werden! Zu allen Bereichen des Chemieunterrichts der ersten beiden Jahre gibt es kurze, anschauliche Texte, in denen grundlegende Zusammenhänge dargestellt werden. Dazu werden kleine Aufgaben angeboten, mit denen du selbstständig arbeiten kannst.

Die Schwerpunkte sind:

- Fachbegriffe und Regeln kennen und anwenden,
- Formeln, Reaktionsgleichungen und Diagramme erstellen und interpretieren,
- chemische Vorgänge beschreiben und mithilfe von Modellvorstellungen erklären,
- Zusammenhänge zwischen Stoffeigenschaften und dem Aufbau von Stoffen verstehen,
- individuelle Lösungswege durch Alternativen und Lernhilfen erleichtern.

Die Texte und die Aufgaben in diesem Buch sind so ausgewählt und zusammengestellt, dass dir die Bearbeitung möglichst leichtfällt.

TIPPS UND INFOS **Zum Arbeiten mit diesem Buch**

- Lege dir ein **eigenes Arbeitsheft** zu, in das du schreibst.
- Wenn du dir beim Lösen der Übungsaufgaben nicht ganz sicher bist, sieh dir die Beispiele noch einmal genau an.
- Vergleiche deine Ergebnisse mit dem Lösungsheft.
  Überprüfe bei Fehlern immer genau, was du falsch gemacht hast. Berichtige Fehler.
- Am Ende eines jeden Kapitels kannst du in einem kleinen Test überprüfen, ob du den Stoff nun beherrschst. Wenn nicht, bearbeite das Kapitel und die entsprechenden Aufgaben in einigen Tagen noch einmal.

Viel Spaß und Erfolg beim Lernen!

1 Arbeitstechniken in der Chemie

DARUM GEHT ES

Im Chemieunterricht wirst du häufig Experimente durchführen. Damit dabei niemand zu Schaden kommt, ist es unverzichtbar, die wichtigsten Regeln zum sicheren Experimentieren zu kennen und auch zu befolgen.

1.1 Sicheres Experimentieren

DAS MUSST DU WISSEN — Regeln im Überblick

Grundregeln

1. Die Anweisungen deines Lehrers musst du unbedingt befolgen.
2. Halte stets Ordnung und Sauberkeit am Arbeitsplatz.
3. Im Chemieraum darfst du nicht essen oder trinken.
4. Trage stets eine Schutzbrille und binde lange Haare zusammen.
5. Chemikalien dürfen niemals probiert werden.
6. Geruchsproben darfst du nur nach Aufforderung machen. Fächle dabei die Gase oder Dämpfe mit der Hand zu.
7. Um das Herausspritzen von Flüssigkeiten beim Erhitzen im Reagenzglas zu vermeiden: nur kleine Mengen erhitzen, Reagenzglas dabei laufend bewegen, Siedesteinchen verwenden. Öffnung des Reagenzglases nie auf andere Personen richten.
8. Verwende Chemikalien immer sehr sparsam. Chemikalienreste dürfen nie in die Vorratsbehälter zurückgeschüttet werden.

Vor dem Experimentieren

1. Lies zuerst die gesamte Versuchsanleitung. Vergewissere dich, dass dir die Zielsetzung des Versuchs klar ist.
2. Informiere dich über mögliche Gefahren und notwendige Sicherheitsmaßnahmen.
3. Stelle alle Geräte und Chemikalien bereit.

Während des Experimentierens

1. Beginne erst, wenn dein Lehrer es erlaubt und halte dich an die Arbeitsanleitung.
2. Beobachte genau, notiere alle Wahrnehmungen und Messwerte.

Nach dem Experimentieren

1. Gib alle Chemikalienreste in die gekennzeichneten Sammelbehälter.
2. Säubere alle Geräte und räume sie ordentlich weg.
3. Stelle das Versuchsprotokoll fertig.

Für Gefahrstoffe ist eine Kennzeichnung mit Gefahrensymbolen, Kennbuchstaben und der Gefahrenbezeichnung vorgeschrieben.

T	Xn	C	Xi	F	O	E	N
giftig	gesundheitsschädlich	ätzend	reizend	leicht entzündlich	brandfördernd	explosionsgefährlich	umweltgefährlich

1 **Warum sollen Chemikalien immer sehr sparsam verwendet werden?**
Finde mindestens 3 Gründe.

2 **Welche Regeln wurden in den dargestellten Situationen nicht beachtet?**
Nenne die Regeln und beschreibe, welche Gefahren durch die Nichtbeachtung entstehen.

a)

b)

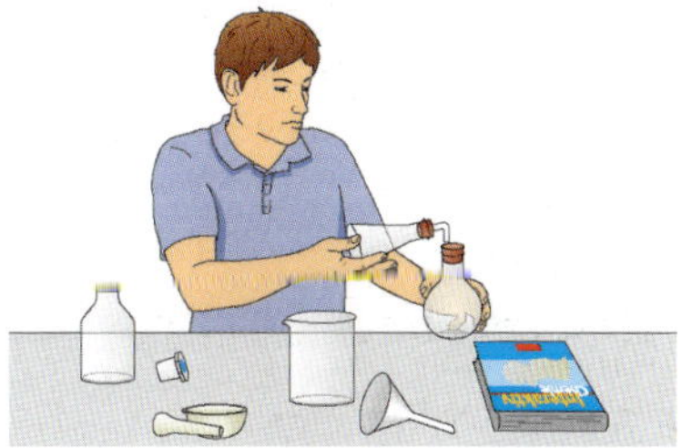

c)

d)

3 **Mit welchen Gefahrensymbolen müssen folgende Chemikalienbehälter versehen werden?**

a) Ethanol (Alkohol) b) Benzin c) verdünnte Salzsäure

1.2 Protokollführung

Um mit einem naturwissenschaftlichen Experiment eine gegebene Fragestellung sicher beantworten zu können, muss es sinnvoll geplant, nachvollziehbar durchgeführt, sorgfältig beobachtet und sachgerecht ausgewertet werden.

Protokollführung im Überblick

Nur ein *vollständiges Versuchsprotokoll* ermöglicht eine spätere Überprüfung der Ergebnisse. Protokolle sollen im Chemieheft bzw. in der Chemiemappe, nicht auf fliegenden Blättern angefertigt werden. Zu jedem Protokoll gehört das Datum.

TIPPS UND INFOS **Bestandteile eines Versuchsprotokolls**

Die Fünf-Stufen-Methode	
1. **Fragestellung** Möglichst als Frage formulieren, nicht das Ergebnis vorwegnehmen	*Worum geht es?* *Was genau soll untersucht werden?*
2. **Material** **a)** Geräte **b)** Chemikalien (mit Hinweisen zu Gefahren und Entsorgung)	*Was wird benötigt?*
3. **Durchführung** ggf. mit Skizze des Versuchsaufbaus nachvollziehbar für Dritte beschreiben	*Was wird getan?* *In welcher Reihenfolge?*
4. **Beobachtungen** Alle Original-Messwerte dokumentieren!	*Was sehe (rieche, höre ...) oder messe ich?*
5. **Auswertung** Eingangsfrage beantworten! Fachbegriffe verwenden!	*Was ist wirklich passiert?* *Was wissen wir jetzt Neues?*

Die Inhalte der einzelnen Abschnitte voneinander trennen. Beim Punkt *Durchführung* sollen also noch keine Beobachtungen beschrieben werden, und unter *Beobachtungen* darf man noch keine – vermuteten oder gesicherten – Erklärungen einbringen. Nur so lassen sich zu einem späteren Zeitpunkt eventuelle Fehler aufspüren.

1 **Stelle aus den folgenden Textzeilen ein sinnvolles Versuchsprotokoll zusammen. Gliedere es dabei in die oben genannten fünf Stufen.**

- ▷ Nach dem Herausnehmen des Reagenzglases aus der Flamme geht die Gelbfärbung langsam zurück.
- ▷ Chemikalien: Zinkoxid
- ▷ Das zu etwa einem Drittel mit Zinkoxid gefüllte Reagenzglas wird mit dem unteren Teil in die heiße Zone der Brennerflamme gehalten.
- ▷ Bei längerem Erhitzen wird der gesamte Inhalt des Reagenzglases gelb.
- ▷ Was geschieht beim Erhitzen von Zinkoxid?
- ▷ Das weiße, pulvrige Zinkoxid wird von unten her gelb.
- ▷ Zinkoxid ist bei hohen Temperaturen gelb, bei Zimmertemperatur weiß. Seine Farbe ändert sich also in Abhängigkeit von der Temperatur.
- ▷ Geräte: Reagenzglas, Reagenzglasklammer, Brenner
- ▷ Nachdem alles wieder abgekühlt ist, sieht der Inhalt des Reagenzglases wieder aus wie zu Beginn des Versuchs: ein weißes, trockenes Pulver.
- ▷ In diesem Versuch ist der Stoff Zinkoxid offensichtlich nicht verändert worden.

2 Stoffe und ihre Eigenschaften

WAS DU SCHON WISSEN SOLLTEST

- ▷ Aus der Chemie musst du noch nichts mitbringen!
- ▷ Tabellen und einfache Diagramme „lesen“
- ▷ Aus der Mathematik: Bruchstrich $\frac{1}{2}$ und das Divisionszeichen 1 : 2 haben die gleiche Bedeutung.
- ▷ Sachrechnen: Rechnen mit Einheiten

DARUM GEHT ES

- ▷ Stoffe von anderen Erscheinungen der Natur unterscheiden
- ▷ Stoffe beschreiben
- ▷ Unbekannte Stoffe bestimmen
- ▷ Stoffgemische erkennen und trennen
- ▷ Teilchenmodell zur Erklärung von Beobachtungen heranziehen

2.1 Was sind Stoffe?

Die Chemie befasst sich mit Stoffen. Was aber sind Stoffe?

TIPPS UND INFOS **Merkmale von Stoffen**

Alle Stoffe zeichnen sich durch zwei Merkmale aus:
- ▶ Stoffe kann man in abgeschlossenen Gefäßen aufbewahren.
- ▶ Stoffe haben eine Masse, man kann sie wiegen.

1 Wähle aus folgenden Begriffen solche aus, bei denen es sich um Stoffe handelt. Begründe deine Entscheidung!
Eisen, Wasser, Flamme, Licht, Sauerstoff, Schall

2 Stoff und Wärme
Ein Naturforscher hat denselben Goldklumpen einmal bei 20 °C und ein weiteres Mal bei 1 000 °C gewogen. Die Masse blieb unverändert. Er wollte dadurch zeigen, dass Wärme kein Stoff ist. Hatte er recht?

3 Stoff und Feuer
Schlage Versuche vor, mit denen man herausfinden kann, ob Feuer ein Stoff ist.

2.2 Wie beschreibe ich Stoffe?

Wir sind umgeben von einer Fülle unterschiedlicher Stoffe. Für die Chemie ist es sehr wesentlich, dass wir Stoffe erkennen, beschreiben und zuordnen können. Nicht alle Merkmale eines Gegenstands sind dabei wichtig!

Wichtig für die Chemie	Unwichtig für die Chemie
Farbe	Form
Geruch	Herkunft
Geschmack	Preis
Oberflächenbeschaffenheit	Eigentümer
Brennbarkeit	Gewicht
Löslichkeit in Wasser	Größe

Meist ist die Form unwichtig. Allerdings können fein zerteilte Stoffe besser brennen. Metalle können in fein zerteilter Form eine andere Farbe annehmen.

Achtung: Die Zunge ist zwar ein ausgezeichnetes Organ, um Stoffe zu identifizieren. Wegen der Giftigkeit einiger Stoffe unterbleibt jedoch die Geschmacksprobe!

1 **Nenne fünf Gegenstände, die aus unterschiedlichen Stoffen sein können.**

2 **Nenne fünf Formen, in denen der Stoff Holz vorkommen kann.**

DAS MUSST DU WISSEN – **Stoffeigenschaften**

Die für die Chemie wichtigen Merkmale eines Gegenstandes bezeichnet man als Stoffeigenschaften. Sie können in zwei Gruppen eingeteilt werden:

1. Gruppe: Direkte Stoffeigenschaften
Diese Merkmale sind mit unseren Sinnen direkt wahrnehmbar.
Beispiele: Farbe, Oberflächenbeschaffenheit, Geruch, Geschmack, Klang, Biegsamkeit, Zustand (fest, flüssig, gasförmig oder gelöst).

2. Gruppe: Indirekte Stoffeigenschaften
Zur Beschreibung benötigst du noch Hilfsmittel.
Beispiele: Löslichkeit (du brauchst ein Lösungsmittel, Waage), elektrische Leitfähigkeit (Spannungsquelle, Messgerät), magnetisch (Magnet), Siede- und Schmelztemperatur (Thermometer, Wärmequelle), Dichte (Waage und weitere Geräte) usw.

3 **Zähle vier Stoffeigenschaften von Gold auf. Versuche es ohne Bücher oder Internet.**

4 **Nachfolgend findest du eine Liste von Eigenschaften eines Stoffs, unterstreiche solche, die zu den für die Chemie wichtigen Stoffeigenschaften zählen:**
dünn, breit, groß, schwarz, glänzend, schwer, rund, salzig, giftig

DAS MUSST DU WISSEN Zustand

Unter Zustand versteht man die vier Erscheinungsarten **fest, flüssig, gasförmig** und **gelöst,** in denen Stoffe auftreten können.

- Nicht alle Stoffe kommen in allen Zustandsformen vor.
  So zersetzen sich viele Stoffe in der Hitze, ohne flüssig oder gar gasförmig zu werden.
  Beispiele: Zucker, Mehl, einige Kunststoffe
- Andere Stoffe bilden farblose Gase, die sehr schwer zu erkennen sind.
  Beispiele: Wasserdampf – also gasförmiges Wasser
- Auch bei farblosen Stoffen, die in Wasser gelöst sind, erkennen wir nicht sofort, ob es sich um reines Wasser oder eine Lösung handelt. Dieses Problem wird in Kap. 2.5 behandelt.
  Beispiele: Zucker- oder Salzwasser

	Zustand			
deutsch	fest	flüssig	gasförmig	gelöst
englisch	solid	liquid	gas	aqueous
Merkmale	stabile Form des Stoffs; nicht zusammendrückbar	Form des Stoffs passt sich Gefäß an; nicht zusammendrückbar	Form des Stoffs passt sich Gefäß an; zusammendrückbar	Stoff verteilt sich sehr fein in einem Lösungsmittel
Abkürzung	s	l	g	aq

5 **Überlege und begründe, ob Knetmasse flüssig oder fest ist.**

6 **Welchen Zustand haben Eisenpulver und ein Eisennagel?**

7 **Eiswürfel sind durchsichtig, Schnee ist weiß. In beiden Fällen liegt festes Wasser vor. Recherchiere, warum festes Wasser mal farblos und mal weiß sein kann.**

DAS MUSST DU WISSEN Kennzeichnen des Zustands eines Stoffs

Stoffe können in unterschiedlichen Zuständen verschiedene Stoffeigenschaften besitzen. Es ist wichtig, den Zustand des Stoffs in der Abkürzung (siehe Tabelle S. 12) in Klammern tief gestellt hinter dem Stoff anzugeben.
Beispiele: Wasser$_{(l)}$, Kochsalz$_{(s)}$, in Wasser gelöstes Kochsalz$_{(aq)}$

8 **Schreibe folgende Stoffe wie im Merksatz oben:**
Wasserdampf, Eis, Kochsalzwasser, flüssiges Eisen, Schwefeldampf, Zuckerwasser

Verhalten der Stoffe in Wasser
Aus dem Alltag weißt du, dass Zucker und Salz in Wasser scheinbar „verschwinden". Dabei hat sich der Stoff so fein im Wasser verteilt, dass man ihn nicht mehr sehen kann. Man sagt, dass eine **Lösung** entstanden ist. Der Stoff hat sich in dem Wasser gelöst, Wasser ist also das **Lösungsmittel**. Dass der Stoff nicht verschwunden ist, kann man leicht überprüfen: Verdunstet das Wasser, so bleibt der Stoff zurück.

Jeder Stoff löst sich bei einer bestimmten Temperatur in einem Lösungsmittel unterschiedlich gut. Die **Löslichkeit** gibt an, wie viel Gramm des Stoffs sich bei einer bestimmten Temperatur in einem bestimmten Volumen des Lösungsmittels maximal löst. Eine **gesättigte Lösung** vermag nicht mehr von dem zu lösenden Stoff aufzunehmen. So setzt sich die überschüssige Menge als fester Bodensatz ab.

DAS MUSST DU WISSEN Löslichkeit in Wasser

Feste, flüssige und gasförmige Stoffe können sich in Wasser lösen.

Feste Stoffe: Die Löslichkeit hängt vom Stoff selbst ab, aber auch noch von der Temperatur. Meist steigt die Löslichkeit des Stoffs beträchtlich mit der Temperatur.
Beispiele: Kochsalz und Haushaltszucker lösen sich gut in Wasser, Metalle nicht.

Flüssige Stoffe: Auch flüssige Stoffe lösen sich manchmal gut in Wasser.
Beispiele: Trinkalkohol kann in jedem Verhältnis mit Wasser gemischt werden. Andere Flüssigkeiten wie Pflanzenöl oder Benzin sind wasserunlöslich.

Gase: Gase lösen sich mehr oder weniger gut in Wasser.
Beispiele: Kohlenstoffdioxid löst sich sehr gut und Sauerstoff mäßig in Wasser (Fische benötigen diesen Sauerstoff zum Atmen). Erdgas löst sich kaum in Wasser. Die Löslichkeit von Gasen ist abhängig vom Außendruck und fällt mit dem Anstieg der Temperatur.

Löslichkeiten [in Gramm pro 100 ml Wasser] bei unterschiedlichen Temperaturen							
	Sauerstoff	Stickstoff	Kohlenstoffdioxid	Kochsalz	Gips	Harnstoff	Rübenzucker
0 °C	0,0068	0,0028	0,312	35,65	0,17	40,0	179,2
20 °C	0,0043	0,0019	0,170	35,89	0,20	51,9	203,9
40 °C	0,0031	0,0014	0,095	36,37	0,21	62,3	238,1

9 Löslichkeit

Du hast 40 g Harnstoff (weißer Feststoff, s. auch Tabelle oben) bei 20 °C in 100 ml Wasser gelöst. Was beobachtest du, wenn du weitere 15 g hinzufügst?

10 Welchen Einfluss hat die Temperatur auf die Löslichkeit?

a) Wie viel Gramm Kochsalz lösen sich bei 20 °C in einem Liter Wasser und wie viel Gramm Rübenzucker bei 40 °C in 0,5 Liter Wasser?

b) Du hast ein Aquarium. Im Sommer heizt sich das Wasser auf 30 °C auf, die Fische schnappen merkwürdig. Erkläre.

DAS MUSST DU WISSEN — **Sauer oder seifig?**

Einige Stoffe lösen sich in Wasser, wobei ganz neue Stoffeigenschaften entstehen. Hier sind zwei Möglichkeiten wichtig:

1. Die Lösung schmeckt sauer. Der gelöste Stoff hat **saure** Eigenschaften!
2. Die Lösung fühlt sich seifig zwischen den Fingern an, der Geschmack erinnert ebenfalls an Seifenlauge. Der gelöste Stoff hat **alkalische** (= **basische**) Eigenschaften!

Achtung: Natürlich probieren wir einen unbekannten Stoff **nicht**, da wir nicht wissen, ob er für uns schädlich oder sogar giftig sein kann!

Indikatoren: Wir benutzen Farbstoffe, die durch den Wechsel ihrer Farbe anzeigen (= lat. indicare), ob die Lösung sauer, alkalisch oder neutral ist. Solche Farbstoffe heißen Indikatoren (siehe S. 104). Der bekannteste ist der **Universalindikator**, ein Farbstoffgemisch, das meist auf Papier aufgetragen ist (= **pH-Papier**). Taucht man das pH-Papier in die zu untersuchende Lösung, so können folgende Fälle auftreten:

- rot = stark sauer
- orange bis gelb = schwächer werdend sauer
- **hellgrün** = **neutral**
- **dunkelgrün** über blaugrün bis **tiefblau** = zunehmend alkalisch

11 Blaukraut wird auch Rotkohl genannt. Warum? Recherchiere im Internet.

12 Sauer oder seifig?
Magensäure färbt pH-Papier rot, bei Regenwasser stellt man eine Gelbfärbung fest und bei Sodawasser wird das pH-Papier blaugrün. Welche Aussagen über saure oder seifige Eigenschaften der untersuchten Stoffe kannst du machen?

DAS MUSST DU WISSEN – **Siede- und Schmelztemperatur**

Beispiel: Eis schmilzt bei 0 °C, Wasser siedet (kocht) bei 100 °C – immer bei einem normalen Luftdruck von 1 bar.
Hinweis: Die Angabe des Luftdrucks ist wichtig, wird aber oft vergessen. Ohne Angabe gilt normaler Luftdruck.

Jeder Stoff besitzt eine für ihn kennzeichnende Temperatur, bei der er schmilzt oder siedet. Damit sind die Siede- und Schmelztemperaturen von Stoffen sehr wichtige Angaben, da sie sehr genau Aufschluss darüber geben können, welcher Stoff vorliegt (siehe Tabelle unten).

Stoff	Schmelztemperatur	Siedetemperatur
Kupfer	1 084 °C	2 567 °C
Helium	-272 °C	-269 °C
Chlor	-101 °C	-35 °C
Trinkalkohol	-114 °C	78,4 °C
Methan (Hauptbestandteil des Erdgases)	-183 °C	-161 °C
Kochsalz	800 °C	1 465 °C
Traubenzucker	146 °C	zersetzt sich oberhalb 200 °C
Essigsäure	16,6 °C	118 °C

13 Welche Stoffe aus der Tabelle oben sind bei Zimmertemperatur fest, flüssig bzw. gasförmig?
Erkläre mithilfe der Siede- bzw. Schmelztemperatur.

14 Festes Blei (Schmelztemperatur 327 °C) wird auf einem Stahllöffel vorsichtig über der Kerzenflamme bis 400 °C erwärmt.
Kreuze zutreffende Beobachtungen an.

a) Blei liegt am Ende flüssig vor. ☐
b) Blei bleibt stets fest. ☐
c) Blei siedet irgendwann. ☐
d) Blei schmilzt. ☐

DAS MUSST DU WISSEN Dichte

Es gibt einen Zusammenhang zwischen der Masse oder Schwere eines Stoffs und dem Raum, den dieser Stoff einnimmt (man spricht vom Volumen): Je mehr Masse eine Stoffportion hat, desto größer ist ihr Volumen.
Beispiel: 1 Liter Wasser wiegt 1 kg, ein halber Liter 500 g und 100 Liter wiegen 100 kg.

- Wir können es noch genauer fassen: Habe ich doppelt so viel Masse an Stoff vor mir, so benötigt der Stoff auch doppelt so viel Raum (Volumen). Aus der Mathematik kennst du vielleicht solche Zusammenhänge - sie heißen proportional: Masse ist proportional zum Volumen, kurz: Masse ~ Volumen ($m \sim V$).
- Mathematisch ausgedrückt (Aussage bleibt gleich): Das Verhältnis von Masse zu Volumen (= $m : V$) bleibt für einen Stoff immer gleich.
- Dieses Verhältnis von Masse und Volumen nennt man **Dichte.** Sie wird mit dem griechischen Buchstaben rho = ϱ (*kein* p) abgekürzt. Die Dichte ist eine wichtige Stoffeigenschaft, über die man unbekannte Stoffe ermitteln kann (siehe Tabelle).

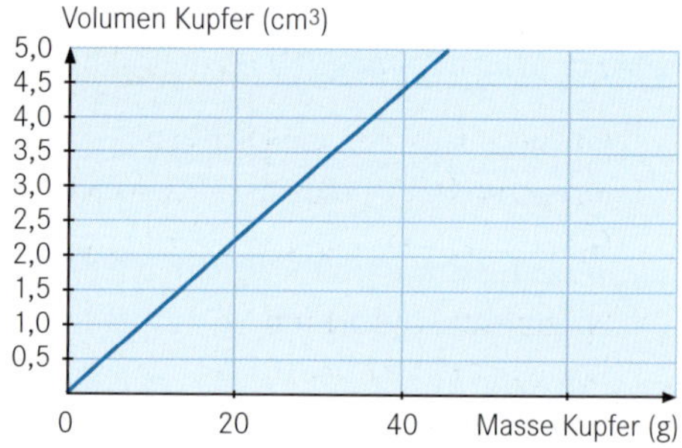

Stoff	Dichte
Eisen	7,86 g/cm³
Kupfer	8,96 g/cm³
Helium	0,19 g/L
Chlor	3,34 g/L
Trinkalkohol	0,79 g/cm³
Methan (Hauptbestandteil des Erdgases)	0,74 g/L
Kochsalz	2,16 g/cm³
Traubenzucker	1,54 g/cm³
Essigsäure	1,05 g/cm³

TIPPS UND INFOS

Alle Dichteangaben müssen sich auf eine Temperatur beziehen, meist die Raumtemperatur (20 °C), da Stoffe sich in der Wärme ausdehnen.

Die Bestimmung der Dichte

Die Bestimmung der Dichte ist eine Kombination aus Messen und Rechnen. Du bestimmst die Masse und das Volumen und teilst den Massenwert durch den Volumenwert. Damit hast du die Dichte. Allerdings gibt es je nach Zustand des Stoffs unterschiedliche Vorgehensweisen:

- ▷ **Feststoff:** Der Feststoff wird gewogen, das Volumen wird durch die sogenannte Verdrängungsmethode (s. Chemiebuch) bestimmt. Einheit: g/cm^3.
- ▷ **Flüssigkeit:** Die Flüssigkeit wird gewogen, das Volumen wird mithilfe eines Messzylinders bestimmt. Einheit: g/cm^3.
- ▷ **Gas:** Aus einem Gefäß mit bekanntem Volumen wird die Luft herausgesaugt, dann wird das Gefäß verschlossen und das Leergewicht bestimmt. Anschließend wird das Gefäß mit dem zu untersuchenden Gas gefüllt, verschlossen und erneut gewogen. Einheit: g/L. Dichteangaben von Gasen beziehen sich auf normalen Luftdruck.

TIPPS UND INFOS | **Rechnen mit der Dichte**

Für die Chemie ist die Dichte eine wichtige Angabe. Kenne ich die Masse eines Stoffs und seine Dichte, so kann ich daraus das Volumen berechnen. Aus zwei bekannten Größen kann man also die dritte Angabe berechnen.

Hilfe beim Umformen

Stelle dir die Formel $\varrho = \frac{m}{V}$ als Dreieck mit m an der Spitze vor:

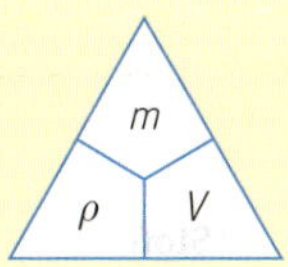

Ist das Volumen unbekannt und damit gesucht, so stehen Masse und Dichte übereinander.

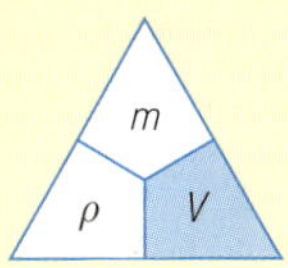

Solche Größen kannst du teilen: $\frac{m}{\varrho} = V$.

Ist die Masse unbekannt, so stehen die Dichte und das Volumen nebeneinander.
Solche Größen kannst du mit einem Malzeichen verbinden: $m = \varrho \cdot V$.

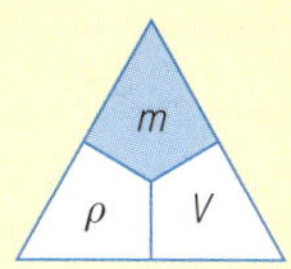

15 **Berechne die Masse. Verwende die Tabelle auf S. 16.**

a) 1000 Liter Helium b) $3\,cm^3$ Kochsalz c) $2{,}74\,cm^3$ Essigsäure

16 **Berechne das Volumen. Verwende die Tabelle auf S. 16.**

a) 500 g Kupfer b) 7,8 g Methan c) 340 g Trinkalkohol

17 **Welche Dichte besitzt Gold?**
Du hast folgende Messwerte: $m = 164{,}1$ g und $V = 8{,}5\,cm^3$.

18 **Besteht eine 1-Cent-Münze aus reinem Kupfer?**
Messwerte einer 1-Cent-Münze: $m = 2{,}30\,g$ und $V = 0{,}35\,cm^3$.

19 **Warum sind einige Stoffe in der Tabelle auf S. 16 hervorgehoben?**

Verhalten in einer Flamme

Hält man eine Flamme an einen **festen oder flüssigen Stoff**, so kann einiges passieren:

- ▷ Der Stoff fängt Feuer und verbrennt mit einer kennzeichnenden Flamme (manchmal auch Glühen oder Funkensprühen) → der Stoff ist **brennbar**;
- ▷ der Stoff schmilzt oder siedet;
- ▷ der Stoff wird bräunlich bis schwarz und riecht unangenehm → der Stoff **zersetzt sich**;
- ▷ es passiert nichts.

Taucht man einen brennenden Holzspan in ein **Gas**, so sind drei Beobachtungen möglich:

- ▷ Der Holzspan geht aus → **erstickend**e Wirkung.
- ▷ Das Gas entzündet sich und verbrennt mit charakteristischer Flamme → Gas ist **brennbar**.
- ▷ Der Holzspan flammt mit heller Flamme auf → *Gas* **unterhält die Verbrennung** des Spans.

Dieses recht unterschiedliche Verhalten, bei dem bei festen und flüssigen Stoffen auch Kombinationen möglich sind, hilft dir bei der Beschreibung unbekannter Stoffe.

TIPPS UND INFOS **Bestimmen unbekannter Stoffe**

Unbekannte Stoffe können anhand ihrer Stoffeigenschaften identifiziert werden. Je mehr Stoffeigenschaften bekannt sind, desto höher ist die Chance, dass du den Stoff eindeutig bestimmen (= identifizieren) kannst.

20 **Steckbriefe der Metalle**

Name	Magnesium	Aluminium	Zink	Eisen	Blei	Platin
Aussehen	silbrig	mattsilbrig	bläulich-silbrig	grau	grau-bläulich	grauweiß glänzend
Dichte [g/cm³]	1,74	2,7	7,1	7,86	11,34	21,4
Schmelztemperatur [°C]	650	658	420	1 535	327	1 770
Brennt außerhalb der Flamme	grell-weiß	–	hell-bläulich	–	–	–
Bildet beim Erhitzen Asche	weiß	weiß	in der Hitze gelb	grau-schwarz	gelb	–

a) Die Metalle Quecksilber, Kupfer und Gold sind bewusst nicht aufgeführt. Recherchiere, warum man diese Metalle *auf einen Blick* von denen in der Tabelle oben unterscheiden kann.

b) Wie kannst du Zink und Eisen mithilfe des Brenners rasch voneinander unterscheiden?

c) Vor dir liegt ein Metall mit folgenden Eigenschaften: grau bis silbrig glänzend, $m = 15{,}43\,g$ und $V = 5{,}7\,cm^3$. Um welches Metall handelt es sich?

21 **Fertige einen Steckbrief über Kochsalz an (siehe dazu die Tabellen auf S. 14, 15, 16).**

2.3 Ordnungsprinzipien

Es gibt mehrere Millionen unterschiedliche Stoffe. Man kann sie in vier Gruppen unterteilen:

Salzartige Stoffe	▶ bilden Kristalle ▶ sind bei Raumtemperatur fest	hohe Siede- und Schmelztemperaturen	leiten den elektrischen Strom im flüssigen (Salzschmelze) und im gelösten (Salzlösung) Zustand
Flüchtige Stoffe	▶ sind bei Raumtemperatur gasförmig, flüssig oder fest	feste Stoffe zersetzen sich oft in der Hitze	leiten den Strom als Reinstoff *nicht*
Metalle	▶ sind glänzende Feststoffe ▶ sind biegsam	hohe Schmelz- und Siedetemperaturen *Ausnahme:* Quecksilber	▶ leiten den elektrischen Strom gut ▶ leiten die Wärme gut
Diamantartige Stoffe	▶ bilden Kristalle ▶ besitzen eine große Härte	sehr hohe Schmelz- und Siedetemperaturen	▶ leiten den elektrischen Strom *nicht* ▶ sind kaum wasserlöslich

Hinweis: Bei vielen Stoffen ist die Einteilung schwierig, da nicht alle Merkmale erfüllt sind!

TIPPS UND INFOS **Stoffklassen**

Die Struktur – also der innere Aufbau – der Stoffe hängt sehr eng mit ihren Stoffeigenschaften zusammen. Mit anderen Worten: Stoffe aus gleichen Stoffklassen besitzen einen ähnlichen inneren Aufbau!

2.4 Das Teilchenmodell

Gerade in der Chemie ist es verzwickt. Die Milch verteilt sich mit der Zeit in dem Kaffee gleichmäßig, ohne dass man umrühren muss. Oder Zucker „verschwindet" beim Lösen in Wasser. Du kannst noch so genau hinschauen, aber du siehst nicht, warum dies so ist. Dann bedient man sich sogenannter **Modelle,** mit denen man bestimmte Erscheinungen der Welt erklären kann, die nicht mehr durch die Sinne einsichtig gemacht werden können. In der Chemie spielt das **Teilchenmodell** eine große Rolle.

DAS MUSST DU WISSEN Merkmale eines chemischen Modells

- Es ist ein **Abbild der Wirklichkeit** in vergrößerter Form und als Zweck soll es Erscheinungen von Stoffen erklären.
- Nicht alle Sachverhalte der Wirklichkeit können in einem Modell berücksichtigt werden, einige Dinge werden **vereinfacht dargestellt** oder weggelassen.
- Die Abbilder haben **Eigenschaften, die nicht der Wirklichkeit entsprechen,** sondern durch den Modellbauer bedingt sind. So werden z. B. Wasserteilchen blau eingefärbt, obwohl sie in Wirklichkeit keine Farbe haben.
- Da Modelle nur einen Teil der Wirklichkeit abbilden, eignen sie sich nicht immer, um alle Erscheinungen der Welt zu erklären. **Modelle gelten nur in einem bestimmten Rahmen** (hier: in den Naturwissenschaften) und können verbessert oder durch andere Modelle ersetzt werden.

1 **Modelle in der Schule**

Gib Beispiele zu Modellen aus dem Biologie- und Erdkundeunterricht.

2 **Modellkritik**

Jemand hat ein Flugzeugmodell aus Kunststoff gebastelt. Nenne Eigenschaften, die der Wirklichkeit entsprechen, Eigenschaften, die im Modell nicht berücksichtigt sind, und Eigenschaften, die durch den Modellbauer hinzugefügt wurden und nicht der Wirklichkeit entsprechen.

DAS MUSST DU WISSEN Merkmale des Teilchenmodells

Das Teilchenmodell sagt Folgendes aus:

- Alle Stoffe bestehen aus kleinen Teilchen.
- Diese Teilchen besitzen eine Masse, sind aber mit dem bloßen Auge nicht zu sehen.
- Zwischen den Teilchen ist nichts, der Raum dazwischen ist leer.
- Gleiche Stoffe bestehen aus gleichen Teilchen, verschiedene Stoffe enthalten Teilchen, die sich in Masse, Größe und Form unterscheiden.
- Die Teilchen sind in ständiger Bewegung, mit steigender Temperatur bewegen sich die Teilchen schneller und umgekehrt.
- Die Teilchen sind von einem dünnen „Klebfilm“ umgeben. Prallen schnelle Teilchen zusammen, so fliegen sie wieder auseinander. Langsame Teilchen bleiben aneinander hängen.

Was kann das Teilchenmodell erklären?
Die Zustände fest, flüssig, gasförmig und gelöst können gut durch das Teilchenmodell erklärt werden. Um einen festen Stoff zu schmelzen oder zu verdampfen, muss man die kleinen Teilchen des Stoffs schneller machen, d. h., man muss Energie zuführen (z. B. durch Erhitzen).
Die Abbildung zeigt feste, flüssige und gasförmige Stoffe sowie die Übergänge zwischen den Zuständen im Teilchenmodell.

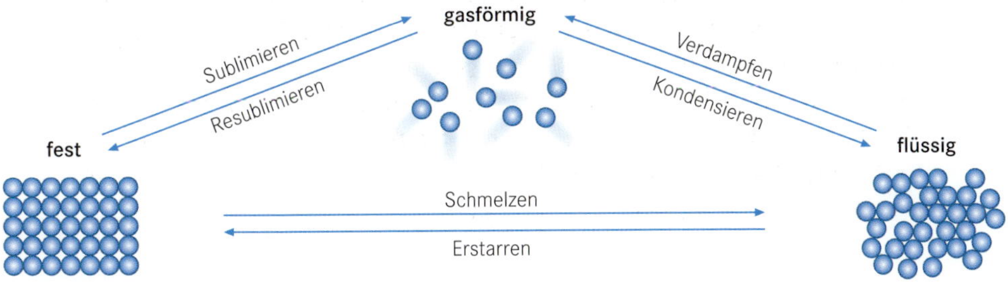

Zustände	fest	flüssig	gasförmig
Anordnung der Teilchen	regelmäßig	unregelmäßig	ungeordnet
Abstand zwischen den Teilchen	sehr klein	sehr klein	groß
Bewegung der Teilchen	schwingen	gleiten	frei beweglich

Diffusion und Lösungsvorgang im Teilchenmodell: Fester Traubenzucker löst sich in Wasser auf und verteilt sich durch die Teilchenbewegung gleichmäßig.

Weitere Erscheinungen wie *Wärmeleitung* und *Druck* eines Gases werden meist dem Bereich der Physik zugeordnet und dort näher behandelt.

3 Zeichne im Teilchenmodell 15 Teilchen.

a) Eis b) Benzindampf c) geschmolzener Zucker

Benutze folgende Teilchenformen:

4 Modellkritik
In der Abbildung rechts ist ein gasförmiger Stoff im Teilchenmodell dargestellt. Was ist gelungen und was fehlt?

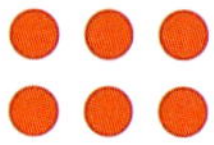

5 Was befindet sich zwischen den Teilchen?

6 Was könnte in der Abbildung modellhaft dargestellt sein?

a) geschmolzenes Gold
b) in Wasser gelöster Trinkalkohol
c) Wassertropfen in Luft (Nebel)
d) Ruß (fester Kohlenstoff) in Luft
e) Eisstücke in Wasser

7 Verteilen sich die Duftstoffe eines Parfüms in einem warmen Raum rascher oder langsamer? Gib eine Erklärung mithilfe des Teilchenmodells.

8 Erkläre die Begriffe Schmelzen, Verdampfen und Resublimieren. Verwende hierzu das Teilchenmodell.

Wo liegen die Grenzen des Teilchenmodells?
Du hast gesehen, dass dieses Teilchenmodell einige Erscheinungen in der Welt gut erklärt. Aber es gibt eine ganz entscheidende Sache in der Chemie, die damit nicht erklärt werden kann.

DAS MUSST DU WISSEN — **Was ein Teilchenmodell nicht kann**

Das Teilchenmodell kann **nicht** erklären, **warum** Stoffe sich umwandeln können.

Warum sollte sich ein Teilchen in ein anderes Teilchen umwandeln können? In welche Teilchen können sich die ursprünglichen Teilchen umwandeln? Die **Stoffumwandlung** ist ein wichtiges Gebiet der Chemie, mit dem wir uns in Kapitel 3 beschäftigen.

2.5 Reinstoffe und Stoffgemische

Im Alltag begegnen uns überall **Stoffgemische** (Luft, Lebewesen, Nahrungsmittel, Kleidung). Wir sind mit Stoffgemischen vertraut. In der Chemie in der Schule hat man es dagegen meist mit **Reinstoffen** zu tun. Hier besteht die Stoffprobe nur aus einem Stoff. Doch vorweg: Der Begriff Reinstoff ist tückisch!
Es gibt keine Reinstoffe im Alltag, selbst Feingold oder destilliertes Wasser enthalten noch immer Verunreinigungen! Daher gibt es die Angabe des Reinheitsgrades.

DAS MUSST DU WISSEN Reinheitsgrade

Reinstoffe enthalten im Alltag noch Verunreinigungen, meist liegen diese unter 1 Prozent der Gesamtmasse.

Reinstoffe, z. B. im Chemikalienhandel, enthalten weniger als 0,1 Prozent Verunreinigungen.

Wie unterscheide ich Stoffgemische und Reinstoffe?

1. Für viele Beispiele ist die Antwort einfach: Mit den Augen. Oft sieht man es einfach, dass es mehrere Stoffe sein müssen. Es liegen mehrere Stoffe vor, wenn
   - ▷ Stoffe mit unterschiedlichen Farben vorhanden sind.
   - ▷ Stoffe mit unterschiedlichen Zuständen vorkommen.
     Beispiel: feste und flüssige Stoffe
   - ▷ Stoffe nebeneinander vorliegen, die nicht mischbar sind.
     Beispiel: Es bilden sich getrennte Flüssigkeitsschichten (Phasen) oder die Flüssigkeit ist trüb und nicht klar.

2. Kannst du mit den Augen nicht entscheiden, ob es sich um ein Stoffgemisch oder einen Reinstoff handelt, dann nimm eine Lupe oder ein Mikroskop zu Hilfe:
   Stoffgemische zeigen unter der Lupe dieselben Merkmale wie oben beschrieben.
   Beispiel: Tusche besteht aus ganz feinen festen Rußteilchen in Wasser verteilt; Milch besteht aus Fetttröpfchen, die im Wasser „umhertanzen“.

DAS MUSST DU WISSEN Heterogene Stoffgemische

Stoffgemische, die mit bloßem Auge oder unter dem Mikroskop erkennbar sind, werden als heterogene (griechisch: uneinheitliche) Stoffgemische bezeichnet.

3. Sieht deine Stoffprobe auch unter dem Mikroskop noch einheitlich (= homogen) aus, musst du die Stoffprobe auf weitere Stoffeigenschaften hin untersuchen. Besonders hilfreich ist hier die Bestimmung der Dichte und der Schmelz- und Siedetemperaturen.

Beispiel: Wasser und Salzwasser (enthält Wasser und Kochsalz)

Masse Kochsalz pro 100 g Lösung	0 g (reines Wasser)	5 g	10 g	16 g	20 g
Dichte der Lösung (g/cm^3) bei 20 °C	1,00	1,03	1,06	1,12	1,15
Schmelztemperatur des Wassers (°C)	0,00	-3,00	-6,50	-12,00	-16,50

Beispiel: Metall und Legierung (Mischung mehrerer Metalle)

Metall 1	Schmelztemperatur (°C)	Metall 2	Schmelztemperatur (°C)	Legierung Anteil 1 (auf 100 g der Legierung)	Schmelztemperatur (°C)
Blei	327	Zinn	232	38,1 g Blei	183
Kalium	64	Natrium	98	76,7 g Kalium	-12,7
Gold	1 063	Blei	327	14,6 g Gold	212

DAS MUSST DU WISSEN – **Homogene Stoffgemische und Reinstoffe**

Homogene Stoffgemische und Reinstoffe unterscheiden sich meist deutlich in den messbaren Stoffeigenschaften wie Dichte, Siede- und Schmelztemperatur.

Stoffgemische aus Reinstoffen mit ähnlichen Stoffeigenschaften besitzen keine festen Schmelz- und Siedetemperaturen, sondern Temperaturbereiche.
Beispiel: Butter schmilzt zwischen 30 und 35 °C. Butter ist also ein Stoffgemisch!

Die wichtigsten Stoffgemische – geordnet nach Zuständen:

Stoffgemische / Zustände der Reinstoffe	Heterogene Stoffgemische		Homogene Stoffgemische	
	Bezeichnung	**Beispiele**	**Bezeichnung**	**Beispiele**
fest/fest	Gemenge	Müll	Legierung	Messing, Stahl
flüssig/fest	Suspension	Saft mit Fruchtfleisch	Lösung	Zuckerwasser
gasförmig/fest	Rauch	Rußwolke	–	–
flüssig/flüssig	Emulsion	Milch	Lösung	Wein
flüssig/gasförmig	Schaum	geschlagene Sahne	Lösung	Wasser enthält gelösten Sauerstoff
gasförmig/flüssig	Nebel	Spray	–	–
gasförmig/gasförmig	–	–	Gasgemisch	Luft, Erdgas

1 Nebel und Schaum
Nebel und Schaum sind Stoffgemische, die beide heterogen aus flüssigen und gasförmigen Bestandteilen zusammengesetzt sind. Finde Unterschiede (Buch, Internet).

2 Welche Bezeichnungen sind nach der Tabelle S. 24, unten, für die Stoffgemische Salzwasser, Bronze und Kompost angebracht?

3 Vollmilchschokolade ist ein Stoffgemisch.
Suche im Internet nach der Schmelztemperatur. Was fällt auf?

4 Teile folgende Stoffe in Reinstoffe, heterogene und homogene Gemische ein:
Zahnpasta, Blei, Milch, Müsli, Zucker, Biogas, Sauerstoff, Luft, Zink

5 Stahl und Sterlingsilber
Recherchiere im Internet, was Hauptbestandteil und was Verunreinigungen von Stahl und Sterlingsilber sind.

2.6 Trennverfahren

Eine der wichtigsten Aufgaben der Chemie ist es, Stoffe zu trennen.
Beispiele: Zucker- und Metallgewinnung, Erdölraffinerie, Recycling

Aus dem Alltag kennst du schon eine Fülle von Trennverfahren. Die genaue Durchführung der Verfahren findest du in deinem Chemiebuch.

DAS MUSST DU WISSEN | **Trennen von Stoffgemischen**

Stoffgemische können auf vielfältige Weise getrennt werden. Reinstoffe, aus denen die Stoffgemische zusammengesetzt sind, haben unterschiedliche Stoffeigenschaften. Trennverfahren nutzen diese Unterschiede aus.

Welches Trennverfahren eignet sich für welches Stoffgemisch?
Wenn du weißt, welches Stoffgemisch vor dir liegt, kannst du aus der Tabelle S. 26 ein passendes Verfahren heraussuchen.

1 Trenne folgende Gemische so, dass nachher die Reinstoffe vorliegen.

a) Sand und Eisenpulver
b) Salzwasser
c) Orangensaft mit Fruchtfleisch

Verfahren	ausgenutzte Stoffeigenschaft	Anwendungsbeispiele
Filtration	Teilchengröße	Suspension (Mischung aus festen und flüssigen Stoffen)
Magnetsieben	magnetisch	Gemenge mit einem magnetischen Bestandteil
Aufschlämmen/ Sedimentieren	Dichte und Teilchengröße	Gemenge aus wasserunlöslichen Bestandteilen
Dekantieren	Dichte	Suspension
Abscheiden	Dichte	zwei nicht mischbare Flüssigkeiten (Emulsion)
Eindampfen	Siedetemperatur	Lösung, bei der der leichtflüchtigere Bestandteil verdampft
Destillation	Siedetemperatur	Lösung, bei der der leichtflüchtigere Bestandteil besser verdampft und sich nach Abkühlen in dem sogenannten Kondensat anreichert
Extraktion	Löslichkeit	Stoffe mit unterschiedlicher Löslichkeit lösen sich in einem geeigneten Lösungsmittel sehr unterschiedlich

Test

1 Lies den folgenden Text und unterstreiche alle Aussagen, die für die chemische Beschreibung des im Text genannten Stoffs wichtig sind. |4|

„König Karl besaß einen Edelstein, den er vor vielen Jahren einem Kaufmann aus dem Orient für mehr als 2 000 Goldstücke abgekauft hatte. Der Edelstein war grünlich, ließ das Licht etwas durch und war in ovaler Form geschliffen, dies war typisch für einen bekannten Edelsteinschleifer der damaligen Zeit. Selbst größte Hitze konnte dem Stein nichts anhaben. Und der Stein war so hart, dass selbst eine scharfe Klinge keine Spuren zu hinterlassen vermochte. Leider verlor der König ihn auf einer seiner Reisen."

2 Kristallzüchtung |6|

Beim Züchten von Kristallen wird ein kleiner Kristall des Stoffs mit einem Bindfaden befestigt, in eine gesättigte Lösung des Stoffs getaucht und über mehrere Tage an einem ruhigen Ort aufbewahrt. Es werden zwei unterschiedliche Beobachtungen gemacht:

a) Der Kristall ist deutlich gewachsen, aber das Volumen der gesättigten Lösung hat abgenommen.

b) Auf der Fensterbank wurde im Sommer ein Zuchtexperiment aufgebaut. Hier ist der Impfkristall kleiner geworden und aus dem Bindfaden gefallen.
Erkläre beide Beobachtungen!

3 Gase sind teilweise schwer unterscheidbar. |5|

Name	Luft	Stickstoff	Kohlen-stoffdioxid	Wasserstoff	Sauerstoff	Chlor
Farbe	farblos	farblos	farblos	farblos	farblos	grünlich
Dichte [g/L]	1,2	1,17	1,83	0,083	1,33	3,0
Geruch	–	–	leicht säu-erlich	–	–	stechend
Siedetemp. [°C]	Stoff-gemisch	-196	-79 (sublimiert)	-253	-183	-35
Verhalten eines bren-nenden Holz-spans in dem Gas	brennt kurze Zeit weiter	erlischt	erlischt	Gas entzün-det sich mit einem Plopp.	Holzspan flammt heftig auf.	erlischt

a) Wie kann man Chlorgas auf einen Blick von den anderen Gasen unterscheiden?
b) Ein brennender Holzspan geht in einem Gas aus. 4 Liter des Gases wiegen 7,3 g. Welches Gas liegt vor?

4 Beschreibe und zeichne im Teilchenmodell ein Stoffgemisch aus 2 Reinstoffen. |6|

a) eine Suspension
b) ein Nebel

5 Sand, Eisen, Kochsalz (alles in gleicher Körnergröße) und Holzstücke (ca. 0,5 cm groß, Dichte = 0,87 g/cm³) werden getrennt. Entwickle ein Vorgehen. |9|

||30||

Wie viele Punkte hast du? Erreichst du mehr als 24 Punkte, beherrschst du den Inhalt des Kapitels wirklich gut. Erreichst du weniger als 12 Punkte, dann solltest du dieses Kapitel wiederholen.

3 Chemische Reaktionen – eine Einführung

WAS DU SCHON WISSEN SOLLTEST

▷ Stoffe eindeutig beschreiben

DARUM GEHT ES

▷ Chemische Reaktionen von anderen Vorgängen unterscheiden
▷ Energiebilanz bei chemischen Reaktionen beschreiben
▷ Wortgleichung einer chemischen Reaktion aufstellen
▷ Oxidation und Reduktion als Reaktionen mit Sauerstoff kennenlernen
▷ Reinstoffe eindeutig Elementen oder Verbindungen zuordnen

3.1 Was ist eine chemische Reaktion?

Diese einfache Frage hat es in sich! Insbesondere im Alltag sind viele Vorgänge sehr kompliziert, da sie oft aus vielen Einzelreaktionen bestehen. Auch sind meist nicht alle Ausgangsstoffe oder Endstoffe erkennbar.

DAS MUSST DU WISSEN **Merkmale chemischer Reaktionen**

1. Die Ausgangsstoffe haben sich mehr oder weniger rasch in neue Stoffe umgewandelt. Man erkennt dies daran, dass **neue Stoffe** (= Endstoffe) mit anderen Stoffeigenschaften auftauchen. Ändert sich bei einem Vorgang *nur* der Zustand eines Stoffs (also z. B. von fest zu flüssig oder von fest zu gelöst), so spricht man noch nicht von einer chemischen Reaktion.
2. Mit der Reaktion ändert sich auch die **Energiebilanz.** (siehe Kapitel 3.2)

Vorgänge können aus naturwissenschaftlicher Sicht in physikalische und chemische Prozesse eingeteilt werden:

Chemischer Prozess:	Physikalischer Prozess:
Nachher liegen neue Stoffe vor. Beispiele: Verbrennen, Vergären, Eintrüben, Verfärben	Der Stoff bleibt unverändert. Beispiele: Schmelzen, Sieden, Zerkleinern, Abbremsen

1 **In einem Schülerheft steht: „Rotes Kupfer ist schwarz geworden.“ Warum ist diese Aussage aus chemischer Sicht falsch?**

3.2 Energiebetrachtung

Energie ist ein sehr merkwürdiger Begriff. Die Energie selbst ist unsichtbar. Mithilfe von Energie kann man etwas bewegen oder antreiben. Energie kann nicht zerstört werden, sie kann sich nur in eine Fülle von unterschiedlichen Formen **umwandeln.** Damit gleicht sie einem Chamäleon, das auch seine Farbe verändern kann, ohne zu verschwinden. Alle Stoffe besitzen einen bestimmten **Energieinhalt,** die sogenannte **chemische Energie.** Bei einer chemischen Reaktion wandelt sich entweder ein Teil der chemischen Energie der Ausgangsstoffe in andere Energieformen um - wie z. B. Wärme **(thermische Energie)** oder **elektrische Energie** - oder umgekehrt: Thermische Energie wird in chemische Energie umgewandelt, die dann in den Endstoffen enthalten ist.

Bei vielen chemischen Reaktionen wird thermische Energie an die Umgebung abgegeben. Die folgende Tabelle soll dir helfen, deine Beobachtungen richtig zu deuten:

Mögliche Beobachtungen		
Reaktionsgefäß wird warm/heiß; es gibt ein Geräusch/einen Knall; es glüht auch nach Erhitzen weiter; es sprühen Funken, eine Flamme ist sichtbar.	Reaktionsgefäß wird kalt/kühl; man muss dauerhaft erhitzen, damit die Reaktion abläuft.	Erst in der Hitze (z. B. in der Brennerflamme, im Ofen, auf der Herdplatte) läuft die Reaktion ab.
→ exotherme Reaktion	→ endotherme Reaktion	→ Aktivierungsenergie

Endotherme und exotherme Reaktionen

Bei chemischen Reaktionen unterscheidet sich die Energie von Ausgangs- und Endstoffen:

- ▷ Bei **exothermen** Vorgängen wird Energie nach außen freigesetzt, der Energieinhalt der Endstoffe ist geringer als der der Ausgangsstoffe.
- ▷ Bei **endothermen** Reaktionen wird Energie von außen aufgenommen, die Endstoffe sind energiereicher.

Meist müssen die Teilchen der Ausgangsstoffe reaktionsbereit gemacht werden.

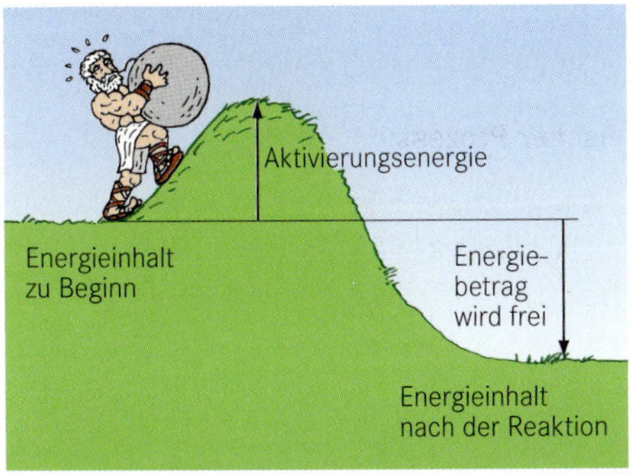

Durch eine kurze Energiezufuhr (rasches Erhitzen, z. B. durch Hineinhalten in eine Flamme) startet die Reaktion und läuft durch Freisetzung eigener Energie (bei exothermen Reaktionen) oder durch weitere Hinzufügung von Energie (bei endothermen Reaktionen) weiter.

DAS MUSST DU WISSEN Aktivierungsenergie

Die Energie, die notwendig ist, um eine Reaktion zu starten, nennt man Aktivierungsenergie.

Einige Stoffe können eine Reaktion beschleunigen oder gar erst bei gegebenen Bedingungen ermöglichen. Dabei gehen diese Stoffe unverändert aus der Reaktion hervor. Sie setzen die Aktivierungsenergie herab, weshalb nun mehr Teilchen reaktionsbereit sind und dadurch die Reaktion schneller abläuft.

DAS MUSST DU WISSEN Katalysator

Stoffe, die eine Reaktion beschleunigen, aber unverändert aus ihr hervorgehen, nennt man Katalysatoren.

1 **Verwende bei folgenden Reaktionen die Begriffe endotherm, exotherm, Aktivierungsenergie bzw. Katalysator zur Deutung des Energieumsatzes:**

a) Papier brennt nach dem Anzünden von alleine weiter.
b) Bei der Alkoholherstellung aus Zuckersaft setzt man Hefe ein, die nach der Reaktion abfiltriert wird.
c) Beim Erhitzen von „Silberasche“ (siehe S. 31) kann Silber zurückgewonnen werden. Allerdings muss man ständig erhitzen.

3.3 Verbrennungsvorgänge

Jeder hat schon das Verbrennen einer Kerze, eines Blatt Papiers oder von Gas beobachtet. Oftmals sind Verbrennungsvorgänge von Flammen, Funken und Glühen begleitet. Dass es sich um eine chemische Reaktion handelt, ist gemäß des Merksatzes von S. 28 klar: So verschwindet das Wachs, bei Papier bleibt etwas Asche zurück und in beiden Fällen wird Energie in Form von Wärme frei. Wir wollen uns die Verbrennungsvorgänge bei den Metallen anschauen.

Verbrennung von Metallen und die Wortgleichung

Auch Metalle können verbrennen. Hier ist eine Auswahl abgedruckt.

Metall	Stoffeigenschaften vor dem Erhitzen	Beobachtungen während der Reaktion	Stoffeigenschaften nach dem Erhitzen	Vorläufiger Name
Eisen	grau, glänzend, biegsam	glüht auf, Funken sprühen	blauschwarz, spröde	„Eisenasche“
Kupfer	gelbrot glänzend, biegsam	glüht auf, Flamme färbt sich grün	schwarz, spröde	„Kupferasche“

Metall	Stoffeigenschaften vor dem Erhitzen	Beobachtungen während der Reaktion	Stoffeigenschaften nach dem Erhitzen	Vorläufiger Name
Magnesium	silbrig, glänzend	helle, gleißende Flamme, Funken sprühen	weiß, spröde	„Magnesium-asche“
Platin	silbergrau, glänzend	glüht	silbergrau, glänzend	-

Offensichtlich hat in den ersten drei Fällen eine chemische Reaktion stattgefunden, es sind neue Stoffe mit neuen Stoffeigenschaften (andere Farbe, nicht mehr biegsam) entstanden. Diese Reaktionen benötigen Aktivierungsenergie und sind exotherm. Bei Platin verändern sich die Stoffeigenschaften nicht, es hat keine chemische Reaktion stattgefunden. Platin ist reaktionsträge oder - wie die Chemiker sagen - **edel** und gehört wie Gold und Silber zur Gruppe der Edelmetalle.

Womit haben die Metalle reagiert?

Wie du sicher weißt, spielt Luft eine wichtige Rolle bei der Verbrennung. Dabei ist nur ein Bestandteil der Luft, der Sauerstoff, für die Reaktion verantwortlich. In der Hitze **verbinden sich Sauerstoffteilchen und Metallteilchen** zu einem neuen Stoff, einer „Metallasche“. In dieser Verbindung haben sich die Ausgangsstoffe (Metall und Sauerstoff) so innig gemischt, dass die Sauerstoff- und die Metallteilchen nicht mehr durch einfache Trennverfahren (siehe Kapitel 2.6) getrennt werden können. Außerdem besitzt der neue Stoff völlig andere Stoffeigenschaften als die Ausgangsstoffe.

DAS MUSST DU WISSEN Oxidation

Bei der Reaktion von unedlen Metallen mit Sauerstoff bilden sich Metallaschen, die **Metalloxide** genannt werden. Diesen Prozess nennt man Oxidation (Verb: oxidieren). Dabei nimmt ein Stoff Sauerstoff auf und wandelt sich in einen neuen Stoff um.

Chemische Reaktionen können symbolhaft in einer sogenannten Reaktionsgleichung dargestellt werden. Die einfachste Reaktionsgleichung ist die Wortgleichung.

DAS MUSST DU WISSEN Wortgleichung

Eine Reaktion kann durch eine Wortgleichung beschrieben werden. Die Namen der Ausgangs- und der Endstoffe werden durch einen Pfeil verbunden. Man liest den Pfeil als „reagiert“/„reagieren zu“. Die Angabe der Zustände und der Energiebilanz sowie der Reaktionsbedingungen können ergänzt werden. Ein durchgestrichener Pfeil bedeutet „reagiert **nicht** “/„reagieren **nicht** (zu)“.

Beispiel: Festes Eisen und gasförmiger Sauerstoff reagieren in der Hitze zu festem Eisenoxid in einer exothermen Reaktion. Die passende Wortgleichung sieht so aus:
Eisen$_{(s)}$ + Sauerstoff$_{(g)}$ $\xrightarrow{\Delta}$ Eisenoxid$_{(s)}$; exotherm.
Hinweis: Das Dreieck auf dem Reaktionspfeil heißt „in der Hitze".

1 Stelle die in der Tabelle auf S. 30/31 genannten Reaktionen von Kupfer, Magnesium und Platin mit Sauerstoff in Wortgleichungen dar. Fasse die Wortgleichungen in Sätze.

Reduktion und Oxidation

Bei der Oxidation ist eine **Verbindung** zwischen dem Metall und Sauerstoff entstanden, die ganz andere Stoffeigenschaften hat.
Zur Herstellung unedler Metalle wird das Metalloxid mit einem Stoff vermischt, der den im Metalloxid gebundenen Sauerstoff an sich „reißen" und noch fester zu binden vermag.
Beispiel: Kupferoxid$_{(s)}$ + Eisen$_{(s)}$ $\xrightarrow{\Delta}$ Kupfer$_{(s)}$ + Eisenoxid$_{(s)}$; exotherm
Hier hat Eisen ein stärkeres Bindungsbestreben für Sauerstoff als Kupfer, damit kann Eisen dem Kupferoxid den Sauerstoff entreißen. Kupfer bleibt zurück und Eisen hat sich in Eisenoxid umgewandelt. Kupferoxid wurde reduziert und Eisen oxidiert.

DAS MUSST DU WISSEN – Reduktion

Wird einem Oxid der Sauerstoff durch eine chemische Reaktion entzogen, so spricht man von einer Reduktion. Aus einem Metalloxid kann so das Metall zurückgewonnen werden (lat.: *reducere* – zurückführen).
In den **Redoxreaktionen** treten Reduktion (Abgabe des gebundenen Sauerstoffs) und Oxidation (Aufnahme) im Wechselspiel auf.

BEISPIEL – Reaktion von Kupferoxid und Eisen

Bei der Reaktion von Kupferoxid und Eisen kann man sich das bildlich vorstellen: Hund (= Eisen) jagt Katze mit Knochen (= Kupferoxid). Da der Hund stärker ist (= größeres Bindungsbestreben), kann er der Katze (= Kupfer) den Knochen (= Sauerstoff) abjagen. Wer jetzt „Hund" und „Katze" ist, lässt sich in einer Reihe der Metalle aufschlüsseln:

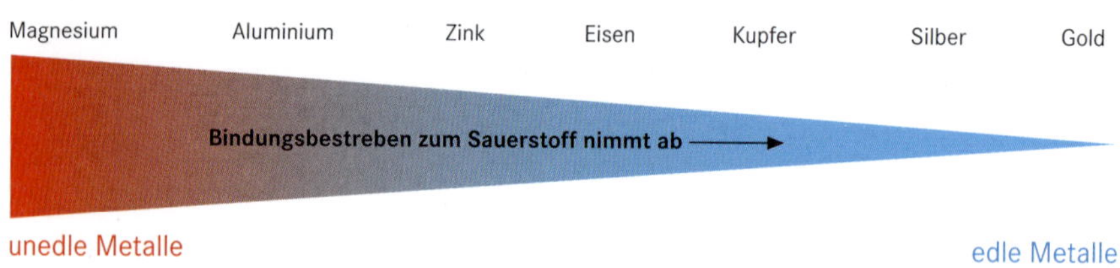

Offensichtlich kann ein Metall mit Sauerstoff zu einem Oxid reagieren, der chemisch gebundene Sauerstoff kann durch Reduktion wieder entfernt werden. Die Reaktion von Metall und Sauerstoff zu Metalloxid kann rückgängig gemacht werden. Wir sagen, die Reaktion ist **umkehrbar**.

DAS MUSST DU WISSEN **Umkehrbarkeit chemischer Reaktionen**

Jede beliebige chemische Reaktion ist umkehrbar. Allerdings ändert sich die Energiebilanz. Ist z. B. die Hinreaktion exotherm, so muss in der endothermen Rückreaktion der gleiche Energiebetrag zum Ablauf der Reaktion eingesetzt werden.

2 **Herstellung von Eisen aus Eisenoxid**
Du hast die Metalle Kupfer, Zink und Aluminium zur Verfügung. Welche Metalle führen zur gewünschten Reaktion? Formuliere die entsprechenden Wortgleichungen und gib an, welche Stoffe oxidiert bzw. reduziert werden.

3 **Umkehrbare Reaktionen**
Bei der Fotosynthese reagieren Kohlenstoffdioxid und Wasser zu Traubenzucker und Sauerstoff in einer endothermen Reaktion (Sonnenenergie wird verwendet; in den grünen Blättern stecken Katalysatoren). Bei der Atmung läuft in vielen lebenden Zellen die umgekehrte Reaktion ab. Formuliere beide Wortgleichungen. Ist die Atmung exo- oder endotherm?

4 **Zeichne die Abbildung auf S. 29 spiegelverkehrt. Es liegt dann eine endotherme Reaktion vor. Warum?**

5 **Verbindung und Mischung**
Eine Mischung von rotem Kupferpulver und gelbem Schwefelpulver führt beim Erhitzen zu einem neuen Stoff, der schwarz ist. Erkläre an diesem Beispiel den Unterschied zwischen Verbindung und Mischung.

3.4 Element und Verbindung

Eisenoxid ist eine Verbindung von Eisen und Sauerstoff. Sind denn Eisen und Sauerstoff auch Verbindungen? Nein - beide Stoffe können nicht mehr chemisch in weitere Stoffe zerlegt werden. Eisen und Sauerstoff sind Grundstoffe oder Elemente.

DAS MUSST DU WISSEN Elemente (Grundstoffe)

Stoffe, die **auf chemischem Weg** nicht weiter zerlegt werden können, heißen Elemente oder Grundstoffe.

Warum wird **chemisch** betont? Daran ist die Atombombe schuld. Unter sehr drastischen Reaktionsbedingungen (in der Schule haben wir solche Möglichkeiten nicht) können nämlich auch Grundstoffe in andere Elemente zerlegt *(Kernspaltung)* oder zu anderen Elementen zusammengefügt werden *(Kernfusion)*.
Beispiel: Aus dem Element Uran entstehen bei einer Atombombenexplosion u. a. die Elemente Krypton und Barium. Solche Reaktionen spielen für uns in der Schule aber keine Rolle.

DAS MUSST DU WISSEN Analyse und Synthese

Können wir also einen Stoff chemisch in weitere Stoffe zerlegen, so handelt es sich um eine **Verbindung.** Die Zerlegung einer Verbindung nennt man in der Chemie **Analyse.**
Achtung: Das Wort Analyse besitzt auch noch weitere Bedeutungen: So wird z. B. Mineralwasser analysiert, dabei zerlegt man nicht das Mineralwasser, sondern ermittelt seine Bestandteile.
Alle Reaktionen sind umkehrbar. Also kann ich zerlegte Stoffe wieder verbinden – dies drückt das Wort **Synthese** aus.
Für die Reaktion von zwei Stoffen sieht es allgemein so aus:

$$\text{Stoff 1} + \text{Stoff 2} \underset{\text{Analyse}}{\overset{\text{Synthese}}{\rightleftharpoons}} \text{Verbindung}$$

1 **In welche Elemente kann man die Verbindungen Silberoxid und Magnesiumoxid zerlegen?**
Gib die Wortgleichungen an und erläutere daran die Begriffe Synthese und Analyse.

2 **Recherchiere, welche Elemente bei der Ammoniaksynthese reagieren.**
Gib die Wortgleichung an. Formuliere die Analysereaktion von Ammoniak.

3 **Wasser**
In der Hitze reagiert Wasserdampf mit Magnesium zu Magnesiumoxid und Wasserstoffgas. Was wäre zu erwarten gewesen, wenn Wasser ein Grundstoff wäre? Welche Elemente enthält Wasser? Erläutere an der Wortgleichung.

Test

1 Bei welchen Vorgängen handelt es sich um chemische Reaktionen? Begründe. |11|

a) Verdunsten von Wasser
b) Erhitzen von Platindraht
c) Lösen von Kochsalz in Wasser
d) Sauerwerden von Milch
e) Verbrennen von Papier
f) Zerhacken von Holz
g) Verfärben der Blätter im Herbst
h) Schmelzen von Blei

2 Energiebilanz chemischer Reaktionen |3|

Du siehst unten Energiediagramme der gleichen chemischen Reaktion unter verschiedenen Reaktionsbedingungen. Begründe, warum es sich um eine exotherme Reaktion handelt. In einem Fall wurde die Reaktion mit einem Katalysator durchgeführt. Begründe, welches Diagramm diesen Fall darstellt.

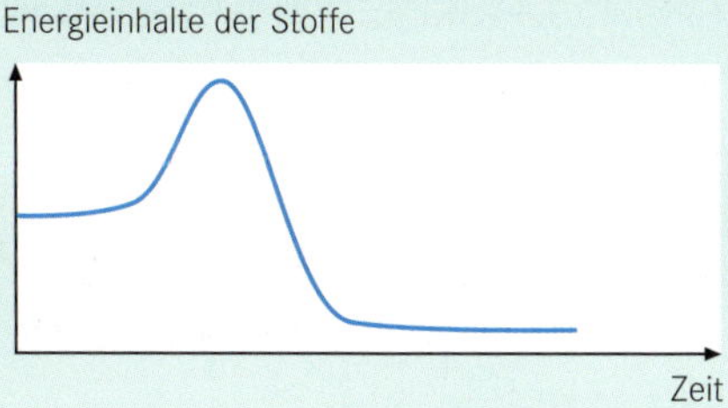

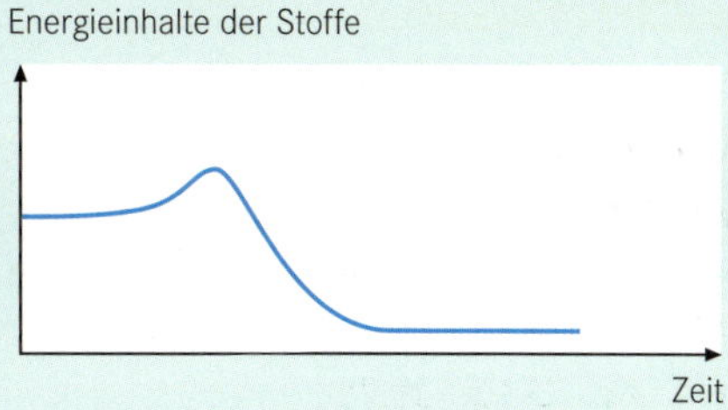

3 Aus einem Versuchsprotokoll |14|

Durchführung: 0,5 g Bleiblech werden auf einer feuerfesten Rinne stark erhitzt. In einem zweiten Versuch wird Blei in einem luftleeren Glasgefäß erhitzt.

Beobachtungen: Im ersten Versuch schmilzt das Blei zu einer Kugel und rollt auf der Rinne entlang. Dabei hinterlässt es einen gelben, spröden Feststoff. Bei längerem Erhitzen verschwindet die Bleikugel völlig. Im zweiten Versuch schmilzt das Blei, ansonsten passiert nichts.

a) Formuliere die Wortgleichungen und begründe, warum im zweiten Versuch keine chemische Reaktion zu beobachten ist.
b) Aus dem Bleioxid soll der chemisch gebundene Sauerstoff entfernt werden. Wähle hierzu einen geeigneten Reaktionspartner, formuliere die Wortgleichung der stattfindenden Reaktion und erkläre daran den Begriff Redoxreaktion.

4 Graues Zinkpulver und gelbes Schwefelpulver werden vermischt. |8|

Erhitzt man diese Mischung, so entsteht ein weißes, sprödes Reaktionsprodukt – eine Verbindung aus Zink und Schwefel: Zinksulfid.

a) Erkläre an diesem Beispiel den Unterschied zwischen Mischung und Verbindung.
b) Formuliere die Wortgleichung und benenne Synthese- bzw. Analysereaktion.

||36||

Wie viele Punkte hast du? Erreichst du mehr als 30 Punkte, beherrschst du den Inhalt des Kapitels wirklich gut. Erreichst du weniger als 14 Punkte, dann solltest du dieses Kapitel wiederholen.

4 Grundlegende Theorien

WAS DU SCHON WISSEN SOLLTEST

- ▷ Wortgleichungen aufstellen
- ▷ Formeln des Typs $a = b : c$ so umstellen, dass a, b oder c alleine stehen
- ▷ Mit Kommazahlen rechnen, große Zahlen kennen
- ▷ Römische Zahlen kennen (I, II, III, IV ...)

DARUM GEHT ES

- ▷ Chemische Grundgesetze kennen und anwenden
- ▷ Atome und kleinste Baueinheiten von Verbindungen durch Berechnung zählen
- ▷ Aus den Angaben über die Massen der Elemente, die miteinander reagiert haben, die Formeln der entstehenden Verbindungen ermitteln
- ▷ Moleküle als kleine Atomverbände beschreiben
- ▷ Die chemische Wertigkeit in Verbindungen ermitteln
- ▷ Verbindungen benennen
- ▷ Verschiedene Atommodelle und deren Grenzen beschreiben
- ▷ Atome in ihrem inneren Aufbau skizzieren
- ▷ Zusammenhänge zwischen dem Periodensystem und den Elementeigenschaften aufzeigen und über den Atombau erklären

4.1 Chemische Grundgesetze

Schon recht lange kennt man Gesetzmäßigkeiten, denen chemische Reaktionen gehorchen. Hierzu brauchen wir noch nichts von Atomen oder anderen kleinen Teilchen zu wissen.

DAS MUSST DU WISSEN — **Erhaltung der Masse**

Die Masse bleibt während einer chemischen Reaktion unverändert.

Es kann also keine Masse dazukommen oder vernichtet werden.
Beispiel: Wenn 24,1 g Magnesium mit 16,0 g Sauerstoff vollständig reagieren, so muss das gebildete Magnesiumoxid die Masse von 40,1 g haben.

1 Anwendung der Massenerhaltung
Wie viele Gramm Magnesiumoxid liegen vor, wenn 8 g Sauerstoff und 12,05 g Magnesium vollständig reagieren?

Gesetz der konstanten Massenverhältnisse

In vielen Beispielen aus dem Alltag sind wir es gewohnt, dass man Stoffe in beliebigen Verhältnissen mischen kann (Kuchenrezepte, Farbstoffe). Bringt man aber zwei Reinstoffe miteinander zu einer chemischen Reaktion, so stellt man oft fest, dass nicht alles reagiert, sondern von dem einen oder anderen Stoff etwas übrigbleibt.

Beispiel: Von 1 g Schwefel und 5 g Kupfer reagieren nahezu 4 g Kupfer und der ganze Schwefel, 1 g Kupfer bleibt unverändert zurück. Verdoppelt man die Masse an Schwefel, so reagiert damit auch die doppelte Masse an Kupfer – hier 2 g Schwefel und 8 g Kupfer. Um es *mathematisch* auszudrücken: Zwischen den Massen an reagierendem Schwefel und Kupfer besteht ein **proportionaler Zusammenhang.** Man braucht stets die vierfache Masse von Kupfer im Vergleich zum Schwefel, damit kein Rückstand bleibt. Anders ausgedrückt: Auf ein Massenanteil Schwefel kommen vier Massenanteile Kupfer, das **Massenverhältnis** von Schwefel zu Kupfer beträgt 1 : 4.

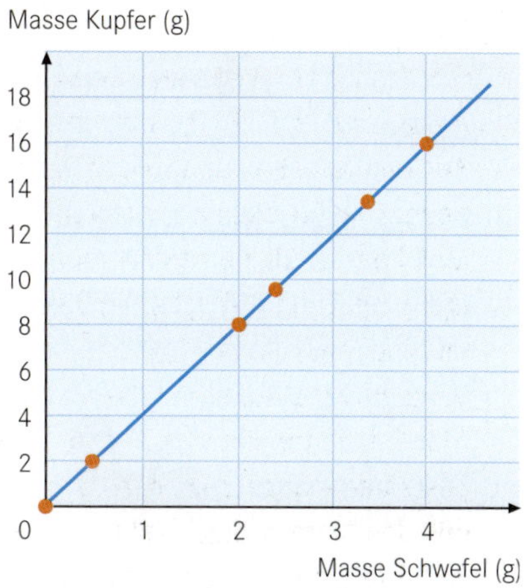

DAS MUSST DU WISSEN | **Gesetz der konstanten Massenverhältnisse**

Für jede chemische Reaktion, in der Reinstoffe zu neuen Stoffen reagieren, gibt es bestimmte und unabänderliche Massenverhältnisse, in denen die Ausgangsstoffe zugegeben werden müssen, damit alles reagiert.

Wie komme ich auf das Massenverhältnis?

Aus Versuchen muss bekannt sein, wie viel Gramm der Stoffe miteinander reagieren.
Beispiel: 4 g Blei reagieren mit 0,31 g Sauerstoff zu einem Bleioxid.
Mathetrick: Teile beide Massenangaben durch die kleinere der beiden Zahlen. Die kleinere Zahl ist hier die 0,31 g Sauerstoff: 4 : 0,31 = 12,9 (Blei) und 0,31 : 0,31 = 1 (Sauerstoff). Blei und Sauerstoff reagieren in einem Massenverhältnis von 12,9 : 1.

2 **Ergänze die Tabelle und gib das Massenverhältnis von Kupfer und Sauerstoff an.**

Einwaage Kupfer [g]	Gebundener Sauerstoff [g]	Reaktionsprodukt [g]
10	2,5	12,5
2	0,5	2,5
80	20	100

4 : 1

3 Ermittle aus den Angaben des Massenverhältnisses fehlende Größen.

a) 2 g Schwefel reagieren mit 4 g Zink; wie viele Gramm Zink brauche ich für 10 g Schwefel?
b) 6 g Kohlenstoff reagieren mit 16 g Sauerstoff; wie viele Gramm Sauerstoff brauche ich bei 1 g Kohlenstoff?
c) 0,14 g Stickstoff reagieren mit 0,32 g Sauerstoff. Wie viele Gramm Stickstoff benötige ich für 0,16 g Sauerstoff?

4.2 Die Welt der Atome

Die alten Griechen denken sich Atome

Atome sind Gedankenkonstrukte. Sie sind unseren Sinnen nicht zugänglich und können nur durch Überlegungen unseres Verstandes zur Erklärung chemischer Reaktionen herangezogen werden. So dachten sich griechische Philosophen, dass man Stoffe nicht unbegrenzt zerteilen könne, sondern irgendwann müsse es eine Grenze geben. An dieser Grenze wäre man bei den Atomen angelangt, die nicht mehr weiter zerkleinert werden können.
Die Griechen hatten damit theoretisch erklären können, dass Stoffe aus sehr kleinen Bausteinen bestehen und nicht zerstört oder vermehrt werden können. Die Atome sind also nach deren Meinung die unveränderlichen Grundbestandteile der Stoffe. Hieraus ergibt sich auch ganz logisch das Gesetz von der Erhaltung der Masse (siehe Seite 36).

Dalton entwickelt das Atommodell weiter

Ein **englischer Lehrer namens John Dalton** ging zu Beginn des 19. Jh. noch einen sehr kühnen Schritt weiter. Er gab „seinen“ Atomen Eigenschaften, die in Versuchen überprüfbar waren: Masse und Größe. Damit bleiben die Atome zwar weiterhin Gedankenkonstrukte, aber es ergeben sich Folgen, die nachprüfbar sind.

DAS MUSST DU WISSEN | **Atommodell von Dalton**

Dalton dachte sich, dass alle Grundstoffe, die sogenannten Elemente, aus in Masse und Größe gleichen Atomen zusammengesetzt sind. **Elemente bestehen also aus Atomen einer Atomsorte.** Das leichteste Element ist der Wasserstoff. Das Wasserstoffatom besitzt die von Dalton frei gewählte **Masseneinheit 1 u** (unit (engl.) Einheit). Alle Atome anderer Elemente sind schwerer. Bei einer chemischen Reaktion sollen die Atome der Ausgangsstoffe erhalten bleiben, sie setzen sich nur neu zusammen.

Mithilfe des Dalton-Modells sind wir in der Lage, die chemischen Grundgesetze zwanglos und ohne Widersprüche zu erklären. Auf S. 47 wird dies näher besprochen.

Elementsymbole

Der **schwedische Chemiker Berzelius** schlug im 19. Jh. vor, die Elemente, aus denen alle Stoffe aufgebaut sind, durch Buchstabensymbole abzukürzen. Deine Lehrerin oder dein Lehrer sagt dir, welche Symbole du kennen solltest. In der folgenden Tabelle sind wichtige Elemente und deren Symbole aufgelistet.

Element	Symbol	Element	Symbol	Element	Symbol
Wasserstoff	H	Natrium	Na	Chlor	Cl
Helium	He	Magnesium	Mg	Kalium	K
Lithium	Li	Aluminium	Al	Calcium	Ca
Sauerstoff	O	Silicium	Si	Quecksilber	Hg
Stickstoff	N	Phosphor	P	Iod	I
Fluor	F	Schwefel	S	Uran	U
Blei	Pb	Gold	Au	Zinn	Sn
Eisen	Fe	Kohlenstoff	C	Silber	Ag

Wie zählt man Atome?

Beispiel: Wie viele 1-Cent-Münzen sind in der Flasche? Jede Münze wiegt genau 2,3 g, das Gesamtgewicht beträgt 3 105 g.
Wenn alle Münzen gleich viel wiegen, dann kann ich das Gesamtgewicht der Münzen durch das Einzelgewicht teilen.
(Es sind also 1 350 Münze – nur am Rande.)

Warum die Geschichte? Nun – genauso werden auch Atome gezählt. Hier machen wir uns Daltons Atome zunutze: Alle Atome eines Elements sollen die gleiche Masse haben.

DAS MUSST DU WISSEN Stoffmenge

Kennen wir also die Masse oder Stoffportion m eines Elements (z. B. 4 g Schwefel oder kurz $m(\text{S}) = 4\,\text{g}$), so muss ich nur durch die Atommasse M (siehe Tabelle auf S. 40) teilen, um die Zahl der Atome n (= Stoffmenge) zu ermitteln:
Zahl der Atome (n) = Stoffportion (m) : Atommasse (M).

Jetzt gibt es leider eine Schwierigkeit: Die Masse eines Atoms in Gramm ausgedrückt ist so winzig klein, dass es sehr unhandlich wäre, diese Zahl zum Rechnen zu verwenden.
Beispiel: Ein Wasserstoffatom wiegt 0,000 000 000 000 000 000 000 001 67 g.

Nach vielen Versuchen hat man herausgefunden, dass 602 Trilliarden (als Zahl: 602 000 000 000 000 000 000 000) H-Atome genau 1 g wiegen. Diese Zahl ist unvorstellbar groß. Sie ist sehr umständlich zu schreiben und bekommt daher einen kürzeren Namen: Die Zahl 602 Trilliarden heißt **Mol** (Mol kommt aus dem Latein und bedeutet Haufen).
Um sich trotzdem eine Vorstellung von 602 Trilliarden zu machen, hier zwei Beispiele:

- 600 Trilliarden Sandkörner von der Größe eines Kubikmillimeters würden die komplette Erdoberfläche mit einer ca. 1,20 m hohen Sandschicht bedecken.
- 10 Tropfen Wasser umfassen ca. $\frac{1}{2}$ Milliliter. Die 600-Trilliarden-fache Menge entspräche dem gesamten Wasservorkommen (inkl. Ozeane) unseres Planeten.

Hinweis: Auch andere Zahlen haben manchmal Namen, so heißt die Zahl 12 Dutzend. Wenn also jemand von 0,5 mol spricht, so sind das immer noch 0,5 · 602 Trilliarden, also 301 Trilliarden. Die Einheit für die Anzahl von Atomen ist das kleingeschriebene „mol".
Zum Vergleich: Die Einheit Zentimeter wird als „cm" geschrieben.

DAS MUSST DU WISSEN — **Einheit Mol**

Wir schreiben daher bei allen Rechnungen die Einheit Mol als „mol" hinter den dazugehörigen Zahlenwert.

Symbol	Atommasse [u pro Atom]
H	1,0
He	4,0
Li	6,9
C	12,0
N	14,0
O	16,0
F	19,0

Symbol	Atommasse [u pro Atom]
Na	23,0
Mg	24,3
Al	27,0
Si	28,1
P	31,0
S	32,1
Cl	35,5

Symbol	Atommasse [u pro Atom]
K	39,1
Ca	40,1
Fe	55,9
Cu	63,6
Zn	65,4
Br	79,9
Ag	107,9

Symbol	Atommasse [u pro Atom]
I	126,9
Pt	195,1
Au	197,0
Hg	200,6
Pb	207,2
U	238,0

Fassen wir noch einmal zusammen:

- 1 Wasserstoffatom wiegt **1 u,** 602 Trilliarden Wasserstoffatome **(1 mol)** wiegen **1 g.**
- 1 Sauerstoffatom wiegt **16 u** (s. Tabelle oben), d. h., 602 Trilliarden Sauerstoffatome (1 mol O-Atome) wiegen 16-mal mehr als 1 mol H-Atome – also 16 g (Siehst du den Zusammenhang?).
- 1 mol Atome wiegt vom Zahlenwert genauso viel wie ein Atom, nur die Einheit ist dann Gramm. Die Atommasse kann daher gleichwertig als **u pro Atom** oder in **g pro mol Atome** ausgedrückt werden.

DAS MUSST DU WISSEN | **Anzahl der Atome**

Habt man eine abgewogene Stoffportion *m* in Gramm eines Elementes, so kann man die Anzahl der Atome in der Einheit Mol (= Stoffmenge *n*) mithilfe der Atommasse *M* nach folgender Formel berechnen:

$$n = \frac{m}{M}.$$

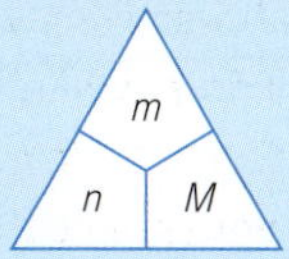

Merkhilfe: Das kleine *m* steht auf dem großen *M*.

So eine ähnliche Formel kennst du schon von der Dichte (siehe S. 17).
Auch hier kannst du wieder das Dreieck anwenden, um eine der Angaben aus den beiden anderen abzuleiten.

Die folgende Tabelle gibt dir noch mal einen Überblick über die neuen Begriffe und deren Zusammenhänge:

Begriff	Umschreibung	Abkürzung	Einheit
Stoffportion	Masse des Stoffs	*m*	Gramm (g) oder atomare Masseneinheit (u) (wenn du Atome wiegen wolltest)
Stoffmenge	Zahl der Atome	*n*	1 mol steht für 602 Trilliarden Atome
Atommasse	Masse eines Atoms	*M*	g pro mol (g/mol) oder atomare Masseneinheit u/Atom (u/Atom)

1. **Wie wird die Formel *n* = *m* : *M* umgestellt, wenn *M* oder *m* gesucht sind?**

2. **Berechne:**
   a) Wie viel wiegen ein Iodatom, zwei Goldatome und zehn Uranatome?
   b) Welche Massen haben 1 mol Iodatome, 2 mol Goldatome und 10 mol Uranatome?

3. **Wie viele Atome (= Stoffmenge *n*) sind in 1 g Wasserstoff, 0,8 g Sauerstoff, 0,401 g Calcium und 2,3 g Natrium enthalten? Die Werte sind so gewählt, dass man es auch ohne Taschenrechner herausfinden kann.**

4. **Welche Atommasse besitzt das Element Molybdän, wenn 301 Trilliarden Atome des Elements 47,97 g wiegen?**

Wozu muss man denn die Anzahl von Atomen wissen?

Beispiel: Schauen wir noch einmal auf das chemische Grundgesetz der konstanten Massenverhältnisse. Da stand: 1 g Schwefel reagiert mit ca. 4 g Kupfer. Nach $n = m : M$ sind in 1 g Schwefel (m(S) = 1 g) mit der Atommasse M(S) = 32,1 g/mol ca. 0,03 mol S-Atome enthalten. Für 4 g Kupfer ergibt sich mit M(Cu) = 63,6 g/mol ca. 0,06 mol Cu-Atome.
Das sind genau doppelt so viele Kupfer- wie Schwefelatome. Offensichtlich reagieren immer zwei Kupferatome mit einem Schwefelatom! Bei allen Verbindungen entsprechen den Massenverhältnissen einfache Atomzahlverhältnisse.

DAS MUSST DU WISSEN — **Zahlenverhältnisse der Atomsorten in Verbindungen**

In allen Verbindungen haben Atome verschiedener Elemente so reagiert, dass einfache Zahlenverhältnisse zwischen den Atomsorten bestehen (z. B. 1 : 2, 3 : 4 oder 1 : 1).

Beispiel: Wasser = Verbindung aus Wasserstoff- und Sauerstoffatomen.
→ Experimente zeigen, dass 1 g Wasserstoff mit 8 g Sauerstoff reagieren!
→ Die Stoffmenge der H-Atome in 1 g [kurz: n(H)] beträgt: n(H) = 1 g : 1 g/mol = 1 mol.
→ n(O) = 8 g : 16 g/mol = 0,5 mol. In 8 g Sauerstoff befinden sich 0,5 mol O-Atome.
→ 1 mol H-Atome reagieren mit 0,5 mol O-Atomen, d. h., 2 H-Atome reagieren mit 1 O-Atom.

Man kann sich also das Wasser aus kleinsten Baueinheiten zusammengesetzt vorstellen, die jeweils zwei Wasserstoffatome und ein Sauerstoffatom enthalten. Die uns bekannte Formel für Wasser H_2O sagt genau dies aus.

H_2O: Verbindung, bei der die kleinsten Baueinheiten aus 2 H-Atomen und 1 O-Atom zusammengesetzt sind.
Eigentlich müsste es ja doch H_2O_1 heißen, oder? Hier zeigen sich die Chemiker als etwas faul: Kommt eine 1 in der Formel vor, so wird diese weggelassen. Mit anderen Worten:
Kommt hinter einem Elementsymbol keine Zahl vor, so denke dir die 1! Für das erste Beispiel oben lautet die Formel Cu_2S. Die Formeln H_2O und Cu_2S werden **Verhältnisformeln** genannt.

DAS MUSST DU WISSEN — **Verhältnisformel**

Die Verhältnisformel einer Verbindung gibt an, in welchem Zahlenverhältnis die Atome der Elemente **in der kleinsten Baueinheit** vorliegen. Dabei stehen die Zahlen klein gedruckt und tief gestellt als sogenannte Indices (Mehrzahl von Index) immer **hinter** dem Elementsymbol.
Es werden stets die gekürzten Verhältnisse angegeben – also 2 : 1 und nicht 6 : 3 oder 1 : 1 und nicht 2 : 2.

Wir können die Formeln der Stoffe durch Versuche belegen!

Beispiel: 1 g Kohlenstoff reagiert genau mit 2,67 g Sauerstoff zu einem neuen Stoff. Nach der Formel $n = m : M$ mit m = 1 g und M = 12 g/mol sind es genau 1 : 12 mol (≈ 0,083 mol) C-Atome. Für die O-Atome erhältst du 0,167 mol. Wenn du die Stoffmengen n(C) = 0,083 mol und n(O) = 0,167 mol vergleichst, so fällt etwas auf.

Mathetrick: Kannst du mit den Ergebnissen nichts anfangen, dann teile die Zahlen 0,083 und 0,167 durch die kleinere der beiden Zahlen. So kannst du einfache Zahlenverhältnisse wie 1 : 1; 1 : 2; 1 : 3 etc. entschlüsseln. Dabei können auch Kommazahlen herauskommen: Für 2 : 3 also 1 : 1,5 und für 3 : 4 dann 1 : 1,333. Andere Verhältnisse sind sehr selten.
Für C (Kohlenstoffatome) kommt heraus: 0,083 : 0,083 = 1; für O (Sauerstoffatome) kommt heraus: 0,167 : 0,083 ≈ 2. Auf 1 Kohlenstoffatom kommen 2 Sauerstoffatome.
Das Zahlenverhältnis der Atomsorten beträgt 1 : 2, in der Formel lautet das C_1O_2, und weil die Chemiker faul sind, lassen sie die 1 weg: $\mathbf{CO_2}$.

TIPPS UND INFOS — **Kurzversion der Formelermittlung**

Versuche zeigen:	1 g Zink reagiert mit 0,25 g Sauerstoff
1. Berechnung der Stoffmengen	$n(\text{Zn}) = \frac{m}{M}$ = 1 : 65,4 ≈ 0,015 mol Zn-Atome
n(Zn) und n(O):	$n(\text{O}) = \frac{m}{M}$ = 0,25 : 16 ≈ 0,015 mol O-Atome
2. Verhältnis von Zn- zu O-Atomen:	Zn-Atome : O-Atome = 1 : 1
Die Formel lautet:	Zn_1O_1 oder **ZnO**

5 Ermittle die Verhältnisformel aus den Massenverhältnissen der reagierenden Stoffe.

a) 5 g Stickstoff und 5,71 g Sauerstoff
b) 2,005 g Calcium und 3,55 g Chlor
c) 2 g Wasserstoff und 159,8 g Brom
d) 0,321 g Schwefel und 1,14 g Fluor

Wie man Atome in Gasen zählt und die Sache mit den Molekülen

Es ist sehr aufwändig, die Masse von Gasen zu ermitteln (siehe Kap. 2.2). Das Volumen hingegen kann leicht bestimmt werden (z. B. Gas über Sperrflüssigkeit in Messzylinder auffangen). Alle Gase haben gemeinsame Eigenschaften: Sie dehnen sich in der Wärme aus, sie können unter Erhöhung des Außendrucks zusammengepresst werden.

DAS MUSST DU WISSEN — **Avogadro-Hypothese**

Ein italienischer Chemiker hat vor ca. 200 Jahren kühn vermutet, dass gleich große Gasvolumina unter gleichen Bedingungen auch stets gleich viele Gasteilchen enthalten sollten. Diese Avogadro-Hypothese wurde auch wissenschaftlich belegt.

DAS MUSST DU WISSEN Volumen und Teilchenzahl

Zwischen dem Volumen eines Gases und seiner Teilchenzahl besteht ein **proportionaler Zusammenhang.** Teilchenzahl *n* eines Gases ~ Volumen des Gases oder kurz: $n \sim V$. Bei der Bedingung 20 °C und Normaldruck 1 bar ergibt sich:

$$\text{Teilchenzahl } n \text{ in mol eines Gases} = \frac{\text{Volumen [Liter]}}{24\ \text{[Liter/mol]}}$$

Bei Raumtemperatur und normalem Luftdruck sind in 24 Liter eines Gases ca. 1 mol Gasteilchen enthalten.

Beispiel: Avogadro-Hypothese am Beispiel von Sauerstoff
1 Liter Sauerstoff wiegt unter den genannten Bedingungen 1,334 g, 24 Liter wiegen also 32,0 g. 1 mol Sauerstoffatome wiegen aber nur 16 g, im Gas kommen also doppelt so viele Sauerstoffatome vor wie erwartet! Wie ist das zu erklären?

In einigen Gasen bestehen die kleinen Teilchen nicht aus Atomen, sondern aus kleinen Atomverbänden, diese werden **Moleküle** genannt. Sauerstoff besteht aus kleinen Gasteilchen (= Moleküle), die aus zwei Sauerstoffatomen bestehen. Man hat herausgefunden, dass es eine Vielzahl von Gasen gibt, die aus Molekülen bestehen. Diese Moleküle bleiben auch bestehen, wenn das Gas verflüssigt wird oder zu einem Feststoff erstarrt. Metalldämpfe und Edelgase enthalten dagegen Gasteilchen aus einzelnen Atomen.
Beispiel: Brom besteht aus Molekülen, die jeweils zwei Bromatome enthalten.

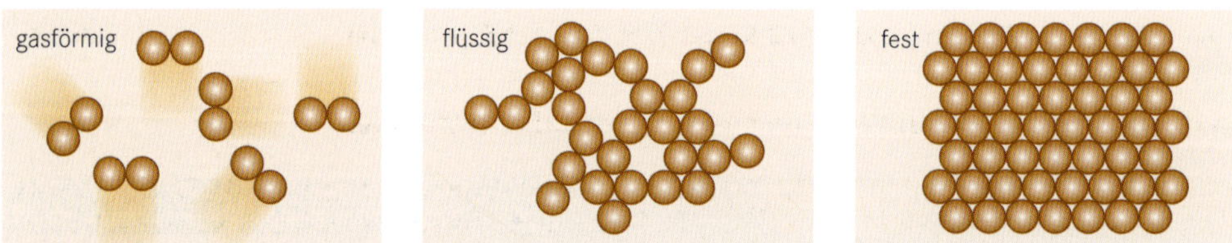

DAS MUSST DU WISSEN Molekülformel

Einige Elemente, die gasförmig sind, bestehen aus Molekülen. Der Index gibt dabei die Zahl der Atome an, die pro Molekül vorhanden sind. Dazu zählen **Stickstoff (N_2)**, **Sauerstoff (O_2)**, **Wasserstoff (H_2)**, **Fluor (F_2)**, **Chlor (Cl_2)**, **Brom (Br_2)** und **Iod (I_2)**. Bei Verbindungen, die aus Molekülen bestehen, gibt die Formel die Zusammensetzung eines Moleküls an. Solche Formeln nennt man **Molekülformel**.

Eselsbrücke: Die Anfangsbuchstaben des folgenden Satzes ergeben die Elementsymbole aller Elemente, die aus zweiatomigen Molekülen bestehen:
„ICH BRAUCHE CLEVERE HILFE OHNE NEUE FORMELN!“

HOFBrINCl

Beispiel: Wasserstoffperoxid besteht aus Molekülen, die jeweils 2 H- und 2 O-Atome enthalten, deswegen lautet die Formel auch H_2O_2 und *nicht* HO.

6 **Berechne die Dichte in g/L von Bromdampf bei Raumtemperatur und Normaldruck.**

7 **Wie viele Moleküle (in mol) sind in 2,4 Litern Kohlenstoffdioxid, Sauerstoff bzw. Stickstoff bei Raumtemperatur und Normaldruck enthalten?**
Wie viele mol Sauerstoff*atome* sind in 24 Litern bei Raumtemperatur und Normaldruck enthalten?

8 **Berechne die Zahl der Moleküle bzw. Atome (in mol) in 10 Litern Sauerstoff, 0,47 Litern Helium und 403 Litern Kohlenstoffdioxid (bei 20 °C und 1 bar).**

9 **Ordne die Formeln N_2, H_2S, O_3 und He den Dalton-Modellen A–D zu.**

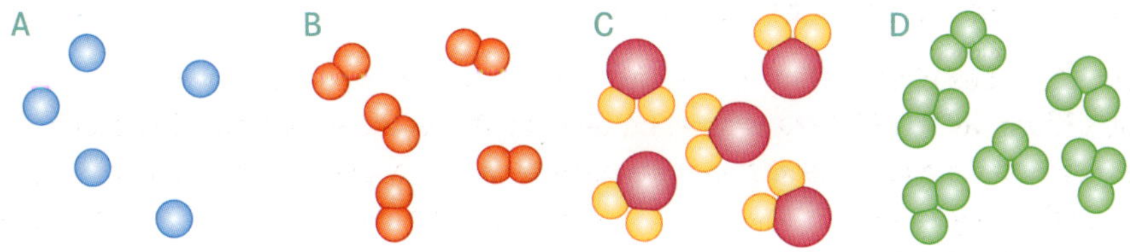

A–D: unterschiedliche Gase im Dalton-Modell unter gleichen Bedingungen. Beachte, dass in jedem Raumteil (= Quadrat) dieselbe Teilchenzahl vorliegen muss.

10 **Zeichne im Dalton-Modell (10 Moleküle): $Cl_{2(l)}$; $H_2O_{(s)}$ und $NH_{3(g)}$.**

Wann ist es eine Molekülformel und wann eine Verhältnisformel?

DAS MUSST DU WISSEN — **Molekülformel oder Verhältnisformel?**

Verbindungen von Nichtmetallen liegen meist in Molekülen vor, Verbindungen von Metallen und Nichtmetallen werden mit der Verhältnisformel beschrieben.

Die Abbildung rechts zeigt dir, welche Elemente als Metalle vorliegen. (Alle weiteren fehlenden Elemente gehören ebenfalls zu den Metallen!) Hast du eine Verbindung mit einem Halbmetall vorliegen, dann schau dir die weiteren Bestandteile an: Liegen sonst nur metallische Bestandteile vor, dann übernimmt das Halbmetall meist die Rolle des Nichtmetalls und umgekehrt.
Beispiele: SiO_2 – hier übernimmt Si die Rolle des Metalls; Mg_2Si – hier ist Silicium der Nichtmetallbestandteil.

H							He
Li	Be	B	C	N	O	F	Ne
Na	Mg	Al	Si	P	S	Cl	Ar
K	Ca	Ga	Ge	As	Se	Br	Kr
Rb	Sr	In	Sn	Sb	Te	I	Xe
Cs	Ba	Tl	Pb	Bi	Po	At	Rn

Metalle Halbmetalle Nichtmetalle

Molekülformel	Verhältnisformel
Tritt meist auf in Verbindungen von Nichtmetallen	Tritt meist auf in Verbindungen von Metallen und Nichtmetallen
Beispiele: O_2; N_2O; H_2S; CH_4; C_2H_2	Beispiele: NaCl; Al_2S_3; MgO; CaF_2
Kleinste Baueinheiten sind die Moleküle; alle Zustände (g, l, s, aq) möglich.	Kleinste Baueinheiten sind gedachte Stücke aus dem Atomverband, die aus den kleinsten Zahlenverhältnissen bestehen; meist kommen diese Verbindungen in festem Zustand vor.
Beispiele: Dalton-Modell $H_2O_{(l)}$, schwarze Kreise stehen für Wasserstoffatome, graue Kreise für Sauerstoffatome. 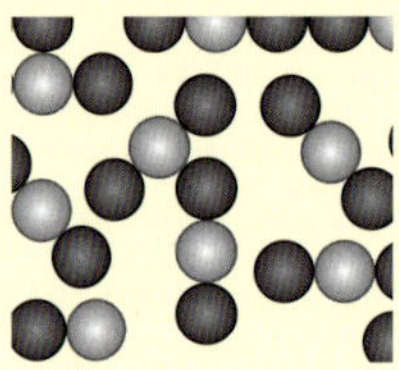	Beispiele: Dalton-Modell $CaF_{2(s)}$; hellrote Kreise Calciumatome, hellgraue Kreise Fluoratome. Riesiger Atomverband! Eine kleinste Baueinheit ist dunkler: 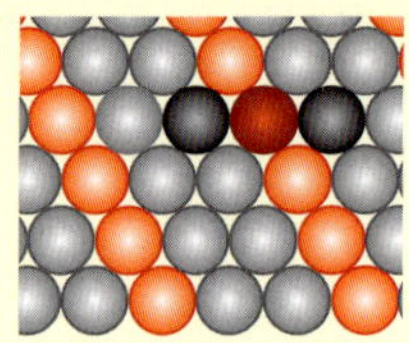

11 **Entscheide, ob es sich um eine Molekül- oder eine Verhältnisformel handelt.**

a) $AlCl_3$ b) HI c) AlN d) Na_2O
e) NO_2 f) C_4H_{10} g) PbS h) ICl

12 **Ist das Halbmetall in folgenden Verbindungen metallischer oder nichtmetallischer Bestandteil?**

a) As_2O_3 b) Ca_2Si

Teilchenmodell und Dalton-Modell im Vergleich

Beispiel: Schauen wir uns einmal die sehr heftig verlaufende Reaktion von Magnesium mit Sauerstoff an. Die Wortgleichung lautet:

$$\text{Magnesium}_{(s)} + \text{Sauerstoff}_{(g)} \xrightarrow{\Delta} \text{Magnesiumoxid}_{(s)}\text{; exotherm}$$

Die Reaktion von Magnesium und Sauerstoff könnte im Teilchenmodell und Dalton-Modell folgendermaßen dargestellt werden:

Teilchenmodell:

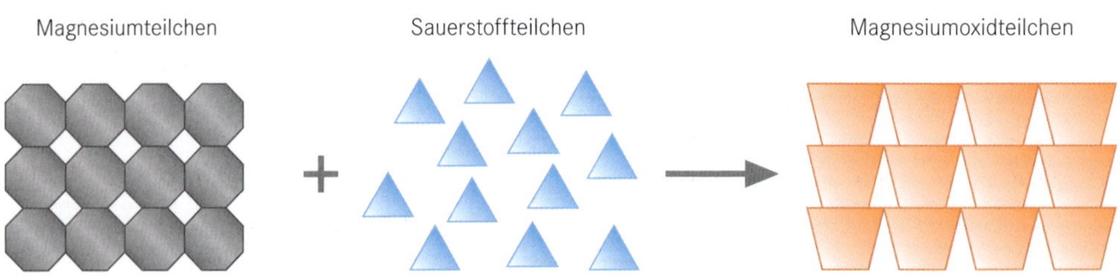

Dalton-Modell:

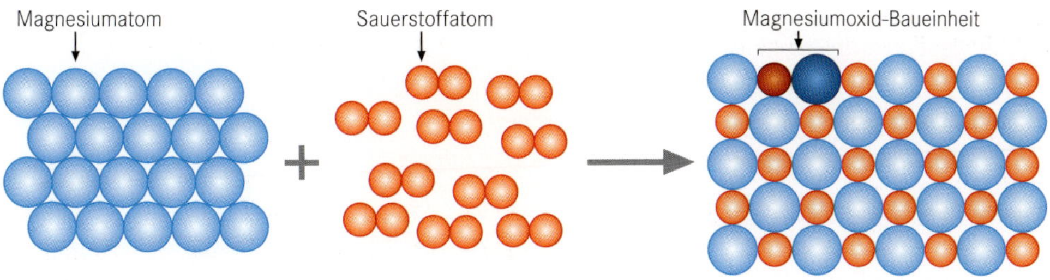

Das Dalton-Modell ist für die Beschreibung chemischer Reaktionen besser geeignet.

- ▷ Wir können den Weg einzelner Atome verfolgen. Dadurch wird die **Erhaltung der Masse** schnell einsichtig (Atome werden nicht zerstört).
- ▷ Die Reaktion wird gedeutet als eine **Neuanordnung der Atome.** Die Sauerstoffatome trennen sich aus den Molekülen und verbinden sich mit den Magnesiumatomen.
- ▷ Die **Atomzahlenverhältnisse** werden sofort offenkundig: Im Dalton-Modell erhalten wir ein einheitliches „Muster" der Verteilung von Magnesium- und Sauerstoffatomen. Auf 1 Magnesiumatom kommt 1 Sauerstoffatom in der kleinsten Baueinheit (= MgO).

Mit dem Dalton-Modell kann man nicht alles erklären!

Wie wir noch sehen werden, sind die Atome leider keine unzerstörbaren massiven Kugeln, sondern sie haben einen noch feineren Aufbau. Mit dem Modell von Dalton kann beispielsweise Radioaktivität oder die elektrische Leitfähigkeit nicht erklärt werden. Für den Anfang leistet es aber gute Dienste und behauptet seinen Platz im Chemieunterricht.

Wie viel Eisen enthält Roteisenerz (Fe_2O_3)?

Unedle Metalle sind sehr reaktiv und haben sich irgendwann einmal mit Nichtmetallen (meist Sauerstoff oder Schwefel) verbunden. Solche Verbindungen kommen in der Natur in Gesteinen vor, die dann als **Erze** bezeichnet werden. Mit unseren Mitteln sind wir jetzt in der Lage, herauszufinden, wie viele Metallatome in einer bestimmten Verbindung chemisch gebunden sind. Oder mit anderen Worten: wie viel Metall man aus einer bestimmten Stoffportion oder Masse der Verbindung gewinnen kann.

Wie zählt man die kleinsten Baueinheiten in Verbindungen?

DAS MUSST DU WISSEN | **Molare Masse**

Die Formel $n = m : M$ können wir nicht nur für Elemente, sondern auch für Verbindungen anwenden. Dabei bezieht sich n auf die Anzahl der Baueinheiten und M auf die Masse der Baueinheit pro 1 mol (= molare Masse).
Die molare Masse einer Verbindung X_aY_b berechnet sich dann wie folgt:
$M(X_aY_b) = a \cdot X + b \cdot Y$. X und Y stehen für die Atommassen der entsprechenden Elemente (siehe Periodensystem) und a und b sind die Indices der Formel.

BEISPIEL

1. Berechnung der molaren Masse der Verbindung Al_2S_3
   $M(Al_2S_3) = 2 \cdot 27\,g/mol + 3 \cdot 32{,}1\,g/mol = 150{,}3\,g/mol\ Al_2S_3$
2. Wie viele Moleküle sind in 36 g Wasser enthalten?
   $M(H_2O) = 2 \cdot 1\,g/mol + 1 \cdot 16\,g/mol = 18\,g/mol\ H_2O$.
   Die Stoffmenge *n* ist gesucht: $n(H_2O) = 36\,g : 18\,g/mol = 2\,mol$.
   In 36 g Wasser sind 2 mol Wassermoleküle enthalten.

13 Berechne:

a) Berechne die molare Masse von Al_2O_3, HCl und $C_6H_{12}O_6$.
b) Wie viele Baueinheiten bzw. Moleküle sind in 32,05 g SO_2 bzw. 10 g Br_2 enthalten?

4.3 Formelsprache

Wozu brauchen wir eine Formelsprache? Wir brauchen erstens eine **gemeinsame** Festlegung von Abkürzungen, Symbolen und Namen von Stoffen, damit es jeder versteht. Bei der Rechtschreibung ist es auch nicht anders! Zweitens drückt eine Sprache auch einen bestimmten Sachverhalt möglichst klar aus.

Benennung einfacher Verbindungen aus zwei Elementen

Vielleicht hast du dich ja schon gefragt, warum alle CO_2 und *nicht* O_2C sagen? Besteht eine Verbindung aus zwei Elementen, so sind ihre Benennung und die Formel weltweit festgelegt. Wichtig ist, dass du die Elemente unterteilen kannst in Metalle und Nichtmetalle. (siehe S. 45)

1. Bei Verbindungen zwischen einem metallischen und einem nichtmetallischen Bestandteil wird der **metallische** Bestandteil **zuerst und unverändert** genannt.
2. Der Name des nichtmetallischen Bestandteils, abgeleitet vom lateinischen Wortstamm, erhält die Endung -id.

C (Carbon) = -carbid	H (Hydrogenium) = -hydrid	O (Oxygenium) = -oxid
N (Nitrogenium) = -nitrid	S (Sulfur) = -sulfid	Cl (Chlor) = -chlorid
Br (Brom) = -bromid	I (Iod) = -iodid	F (Fluor) = -fluorid
P (Phosphor) = -phosphid	Si (Silicium) = -silicid	

3. In Verbindungen aus **zwei Nichtmetallen** erhält das Element, welches in der folgenden Reihe rechts steht, die Endung **-id wie bei Punkt 2**. Das erste Nichtmetall behält seinen Namen. Geordnet wird hierbei nach aufsteigender Elektronegativität (siehe S. 83).
   Si P H C S I Br N Cl O F

4. Die **Zahlenverhältnisse**, in denen die Atome der zwei Elemente angegeben werden (= Indices oder tief gestellte Zahlen hinter den Elementsymbolen der Formeln), werden durch *griechische Zahlwörter* angegeben. Das Zahlwort steht **vor** dem jeweiligen Elementnamen, auf den es sich bezieht. Die Zahl mono- wird meistens weggelassen.

1	mono	4	tetra
2	di	5	penta
3	tri	6	hexa

Beispiele:

1. Pb_3O_4 = Tribleitetraoxid
2. OF_2 = Sauerstoffdifluorid

Hinweis: Ausführliche Beschreibung der beiden Beispiele siehe Lösungsheft S. 10

1 Benenne die Formeln.

KBr; $FeCl_3$; CuCl; SO_2; HI; Fe_3O_4; SF_6; N_2O

2 Ermittle die Formel anhand des Namens der Verbindung.

a) Natriumiodid
b) Kohlenstoffoxid
c) Kupfersulfid
d) Aluminiumphosphid
e) Dicalciumcarbid
f) Phosphortrihydrid
g) Dieisentrioxid
h) Silciumdioxid
i) Diwasserstoffoxid

DAS MUSST DU WISSEN – **Wertigkeit**

Jedes Atom hat die Fähigkeit, eine ganz bestimmte Anzahl Atome anderer Elemente zu binden. Dies bezeichnet man als Wertigkeit. Die Wertigkeit wird in römischen Ziffern angegeben.

Die Wertigkeit kann **nur ganze Zahlen von 0 bis 8** annehmen. Die Wertigkeit 0 bedeutet entweder, dass Atome dieser Elemente keine Bindungen zu anderen Atomen eingehen, oder, dass sich Atome nur einer Elementsorte verbunden haben. Bindungen zwischen Atomen gleicher Sorte werden nämlich nicht gezählt.
Das **Periodensystem der Elemente** kann dir eine *grobe*(!) Einteilung der Wertigkeiten geben (siehe S. 50). Die grau unterlegten Elemente besitzen Atome, die in Verbindungen unterschiedliche Wertigkeiten annehmen können.
Merke: Mit der Kenntnis der Wertigkeit können wir jetzt auch Vorhersagen über mögliche Zahlenverhältnisse machen, in denen sich Atome einzelner Elemente miteinander verbinden.

Beispiele:

- ▷ Magnesiumatome (Mg) sind zweiwertig (II) in Verbindungen.
- ▷ Atome des Elements Kohlenstoff (C) sind vierwertig (IV), in einigen Verbindungen gibt es aber andere Wertigkeiten.

1.	2.	3.	4.	5.	6.	7.	8.	Hauptgr. Nummer
I	II	III	IV	III	II	I	0	Wertigkeit
H							He	
Li	Be	B	C	N	O	F	Ne	
Na	Mg	Al	Si	P	S	Cl	Ar	
K	Ca	Ga	Ge	As	Se	Br	Kr	
Rb	Sr	In	Sn	Sb	Te	I	Xe	
Cs	Ba	Tl	Pb	Bi	Po	At	Rn	

Verbindungen aus Metall- und Nichtmetallbestandteilen

TIPPS UND INFOS – **Ermittlung der Verhältnisformel anhand der Wertigkeiten**

1. Schritt:	Schreibe die Elementsymbole der beiden Atomsorten nebeneinander.	XY	Beispiel: Al O
2. Schritt:	Schreibe die jeweilige Wertigkeit über die Symbole.	$\overset{a}{X}\ \overset{b}{Y}$	$\overset{III}{Al}\ \overset{II}{O}$
3. Schritt:	Schreibe über Kreuz die Wertigkeit als Indices an die Elementsymbole.	$\overset{a}{X}_b\overset{b}{Y}_a$	$\overset{III}{Al}_2\overset{II}{O}_3$
4. Schritt:	Sofern möglich, kürze die Indices.		2 und 3 können als Bruch nicht weiter gekürzt werden. Die Formel stimmt so.

Merke: Viele Metalle (darunter die meisten Metalle, die wir aus dem Alltag kennen) können mehrere Wertigkeiten annehmen. Zur Klärung wird deshalb häufig die Wertigkeit des Metalls in der genannten Verbindung nach dem Namen des Metalls in Klammern angegeben. Die Ermittlung der Formel verläuft dann wieder wie oben.

Beispiel: Kupfer(I)-oxid; 1. Schritt: Cu O; 2. Schritt: $\overset{I}{Cu}\overset{II}{O}$; 3. Schritt: $Cu_2O_1 = Cu_2O$.
Weitere Beispiele findest du hier bereits ausgerechnet (überprüfe selbst):

Chrom(III)-oxid	$= Cr_2O_3$	Gold(III)-chlorid	$= AuCl_3$
Kupfer(II)-oxid	$= CuO$	Eisen(III)-oxid	$= Fe_2O_3$
Silber(I)-oxid	$= Ag_2O$	Quecksilber(II)-chlorid	$= HgCl_2$

Verbindungen aus zwei Nichtmetallbestandteilen

Ermittlung der Molekülformel anhand der Wertigkeiten

Hier ist es nützlich, sich die Atome mit einer unterschiedlichen Zahl von Haftpunkten, Haken oder Ärmchen vorzustellen! Die Vorstellung ist zwar albern, jeder weiß, dass Atome nicht mit Ärmchen rumsausen, aber doch sehr anschaulich und soll deshalb auch hier verwendet werden. Die Wertigkeit gibt also die Zahl der Ärmchen an - aber nur für die Fälle, wo sich unterschiedliche Atome die Hände geben (siehe Beispiel 2 unten)!

Beispiele:

1. Die Reaktion der Nichtmetalle Fluor und Wasserstoff führt zur Verbindung H - F; Wasserstoffatome und Fluoratome sind einwertig, sie besitzen jeweils ein „Ärmchen".

2. Der Stoff Ethin hat die Formel C_2H_2, d. h., ein Ethin-Molekül enthält 2 C- und 2 H-Atome (Verhältnisformel wäre CH). Damit es aufgeht, müssen die 2 C-Atome 3 Bindungen miteinander eingehen, für die 2 H-Atome bleibt dann noch jeweils ein „Ärmchen" der C-Atome übrig: H-C≡C-H. Rechnerisch hätten die C-Atome die Wertigkeit I, da die drei Bindungen zu dem anderen C-Atom nicht gezählt werden.

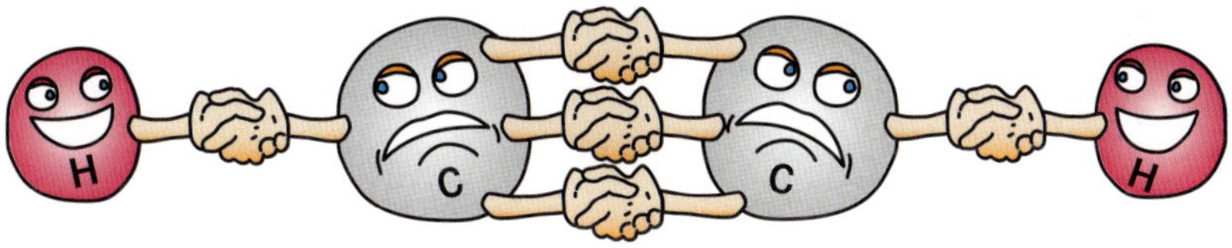

Ermittlung der Wertigkeit der Atome bei gegebener Formel

Atome vieler Nichtmetalle und Metalle haben keine feste Wertigkeit. Oft ist es nützlich, diese Wertigkeiten zu ermitteln. Für Verbindungen aus nur zwei Elementen kannst du folgendermaßen vorgehen (grün ist das Element mit unbekannter Wertigkeit):

Beispiel 1: Schwefeltrioxid = SO_3.

1. Notiere bekannte Wertigkeiten (vgl. Abbildung S. 50): O-Atome sind II-wertig.
2. Berechne die Gesamtwertigkeit des bekannten Elements: 3 O-Atome sind zusammen sechswertig.
3. Berechne die unbekannte Wertigkeit: Die 3 O-Atome verbinden sich mit einem S-Atom, dies geht nur, wenn das S-Atom sechs Bindungen aufbauen kann, das S-Atom ist VI-wertig.

Beispiel 2: Dieisentrioxid Fe_2O_3

1. O-Atome sind II-wertig.
2. 3 O-Atome sind insgesamt sechswertig.
3. Die beiden Fe-Atome müssen insgesamt auch sechswertig sein. Die sechs Bindungen verteilen sich auf zwei Fe-Atome, also ist jedes Fe-Atom III-wertig.

DAS MUSST DU WISSEN Ermittlung von Wertigkeiten

Zur Ermittlung von Wertigkeiten helfen dir folgende Regeln:

1. Regel: Atome der Alkalimetalle, von Wasserstoff und von Fluor sind stets einwertig. Erdalkalimetall-Atome sind zweiwertig.

2. Regel: Sauerstoffatome sind meist zweiwertig.

3. Regel: Atome der Hauptgruppenelemente besitzen die Wertigkeit wie auf S. 50 angegeben.

3 **Ermittle die Verhältnisformel anhand der Wertigkeiten für die Verbindungen.**
Wähle die Wertigkeit, die der Hauptgruppe entspricht.

a) K F b) Na O c) Ca Br d) Si N
e) Al S f) Li S g) B N h) He O

4 **Stelle die Molekülformel dar.**
Verbinde hierzu die Elementsymbole mit Strichen, die die Ärmchen darstellen sollen.
Beispiel: H–O–H.
Verwende die Wertigkeiten, die der Hauptgruppennummer entsprechen.
PH_3; H_2CO; CH_4; IBr; C_2H_6

5 **Ermittle die Wertigkeit der Stickstoffatome in folgenden Stickstoff-Sauerstoff-Verbindungen.**
Hinweis: Die Wertigkeit von Sauerstoff ist bereits angegeben.

II	II	II	II	II
N_2O	N_2O_4	N_2O_3	NO_2	N_2O_5

6 **Ermittle die Wertigkeit anhand der vorgegebenen Formel.**
Grün sind die unklaren Wertigkeiten. Wende die Regeln 1 bis 3 aus obigem Kasten an.
CO; CuBr; Au_2O_3; N_2H_4, Pb_3O_4 und HN_3

BEISPIEL Von der Wortgleichung zur Symbolgleichung

In der Schule habt ihr erfolgreich ein Experiment durchgeführt. Ihr habt die Ausgangsstoffe und die Endstoffe identifiziert, die Wortgleichung lautet:
$\text{Aluminium}_{(s)} + \text{Sauerstoff}_{(g)} \xrightarrow{\Delta} \text{Dialuminiumtrioxid}_{(s)}$; exotherm

Wie kommt man jetzt zu der **Symbolgleichung,** in der man nur noch Buchstaben und Zahlen hat?

1. Schritt: Ersetze die Stoffnamen durch die Elementsymbole, hier also Aluminium = Al, Sauerstoff = O und Dialuminiumtrioxid = Al_2O_3.

$Al + O \rightarrow Al_2O_3$

2. Schritt: Gibt es gasförmige Grundstoffe (Elemente), die aus Molekülen bestehen? – Ja, Sauerstoff besteht aus zweiatomigen Molekülen. Ersetze O durch O_2.

$Al + O_2 \rightarrow Al_2O_3$

Wichtig: Hast du alle Stoffe in Formelschreibweise (Molekül- oder Verhältnisformel) dargestellt, dann darfst du an diesen Formeln beim nächsten Schritt nichts mehr ändern! Die Indices (die tief gestellten Zahlen bei den Formeln) dürfen *nicht* mehr verändert werden! Ansonsten würde man ja die Stoffe verändern, die sind aber durch das Experiment vorgegeben.

3. Schritt: Du hast nun alle beteiligten Stoffe in den kleinsten Baueinheiten dargestellt. Aus 1 Aluminiumatom und 1 Sauerstoffmolekül (= 2 Sauerstoffatome) wird eine Baueinheit Dialuminiumtrioxid. Halt! Das geht gar nicht! Auf der Seite der Endstoffe liegen 2 Atome Aluminium und 3 Atome Sauerstoff vor, auf der Seite der Ausgangsstoffe aber nur 1 Aluminiumatom und 2 Sauerstoffatome. Das Grundgesetz der Massenerhaltung wäre verletzt. Ich benötige links also 2 Aluminiumatome (= 2 Baueinheiten Al) und 3 Sauerstoffatome (= eineinhalb oder 1,5 O_2-Baueinheiten). **Wir haben die Reaktionsgleichung ausgeglichen.** Die Zahlen vor den Baueinheiten bzw. Molekülen nennt man Koeffizienten. (Im Kasten auf S. 54 werden noch zwei weitere Möglichkeiten zum Ausgleichen vorgestellt.). Wir schreiben: $2\ Al + 1{,}5\ O_2 \rightarrow Al_2O_3$

Hinweis: Warum dieses Ausgleichen? In der Natur rechnen die Atome nicht lange herum, wenn alle Al-Atome verbraucht sind, ist die Reaktion beendet. Durch das Ausgleichen können wir aber sagen, wie viele Atome in den kleinsten Baueinheiten von den Ausgangsstoffen reagieren müssen, damit nichts übrig bleibt.

4. Schritt: Kommen halbe Baueinheiten vor, so werden alle Baueinheiten verdoppelt!

$4\ Al + 3\ O_2 \rightarrow 2\ Al_2O_3$

Merke: Die Koeffizienten geben an, wie viele Baueinheiten bzw. Moleküle miteinander reagieren. Die Koeffizienten sind ganzzahlig und müssen so gewählt werden, dass die Massenerhaltung stimmt. Die Koeffizienten sollten nicht mehr gekürzt werden können.

Falls gewünscht, können die Zustände, Reaktionsbedingungen und der Energieumsatz ergänzt werden: $4\ Al_{(s)} + 3\ O_{2\,(g)} \xrightarrow{\Delta} 2\ Al_2O_{3\,(s)}$; exotherm
Fertig ist die Symbolgleichung!

TIPPS UND INFOS **Wie geht das Ausgleichen?**

Hier lernst du zwei Varianten kennen, die einander gegenübergestellt werden. Vielleicht gefällt dir ja eine ganz gut.

Beispiel: Silber verbrennt mit Sauerstoff zu Silber(I)-oxid.

Du solltest beim Durcharbeiten auf folgenden Zwischenschritt gekommen sein:

$Ag + O_2 \rightarrow Ag_2O$

Variante 1 (zeichnerisch)	Variante 2 (ausprobieren)
1. Zeichne im Dalton-Modell die kleinsten Baueinheiten als Reaktionsgleichung. Legende: Weiße Kreise = Sauerstoffatome; graue Kreise = Silberatome. 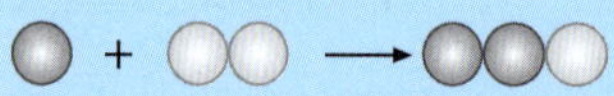	1. Notiere die Zahl der Atome auf beiden Seiten. *linke Seite:* 1 Ag-Atom und 2 O-Atome *rechte Seite:* Baueinheit von 2 Ag-Atomen und 1 O-Atom $Ag + O_2 \rightarrow Ag_2O$
2. Du siehst, dass rechts ein O-Atom zu wenig und ein Ag-Atom zu viel sind. Kümmere dich erst um eine der beiden Atomsorten. Wir machen zuerst mit den O-Atomen weiter.	2. Füge nun dort Baueinheiten hinzu, wo Atome fehlen. Du kannst nur ganze Baueinheiten hinzufügen. Füge links noch 1 Ag-Atom hinzu: $2\,Ag + O_2 \rightarrow Ag_2O$ Man hat auf beiden Seiten gleich viele Ag-Atome. Die Zahl der O-Atome ist noch verkehrt.
3. Fehlende O-Atome dürfen nicht isoliert eingesetzt werden. Man darf daher nur Ag_2O-Baueinheiten rechts hinzufügen. 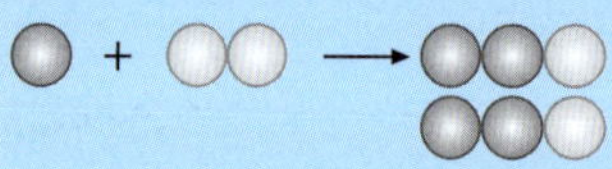	3. Links hat man zwei Sauerstoffatome, rechts hat man eine Baueinheit mit einem Sauerstoffatom. Man braucht aber links nur 1 Sauerstoffatom. Da es das aber nur im 2er-Pack gibt, benötigt man also einen halben 2er-Pack: $2\,Ag + \frac{1}{2}\,O_2 \rightarrow Ag_2O$
4. Die Sauerstoffatome sind jetzt in gleicher Zahl vorhanden. Links fehlen 3 Ag-Atome, ergänze. 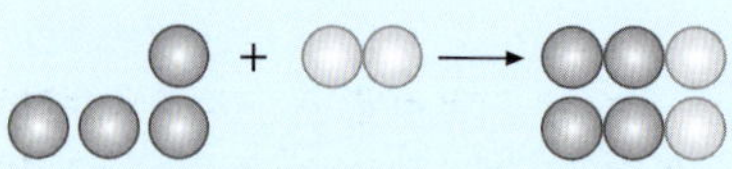	4. Alles mit 2 malnehmen, damit man wieder auf ganze Baueinheiten kommt: $4\,Ag + O_2 \rightarrow 2\,Ag_2O$
5. Schreibe wieder in Symbolen: $4\,Ag + O_2 \rightarrow 2\,Ag_2O$	

BEISPIEL Kurzfassung

In einem Versuch haben Chlorgas und Wasserstoffgas zu einer gasförmigen Wasserstoff-Chlor-Verbindung (stechender Geruch und reagiert sauer mit Wasser) reagiert.
Als Wortgleichung ergibt sich:
Wasserstoff$_{(g)}$ + Chlor$_{(g)}$ $\xrightarrow{\Delta}$ Wasserstoffchlorid$_{(g)}$; exotherm

1. Schritt: Ersetze Stoffnamen durch Elementsymbole.
$H + Cl \rightarrow HCl$

2. Schritt: Gasförmige Grundstoffe (= Elemente), die aus Molekülen bestehen, werden in der Formel korrigiert.
$H_2 + Cl_2 \rightarrow HCl$

3. Schritt: Ausgleichen: Links haben wir jeweils ein Molekül aus je zwei Wasserstoff- bzw. Chloratomen, rechts gibt es ein Molekül aus einem Wasserstoff- und einem Chloratom. Rechts ist also ein Wasserstoff- und ein Chloratom zu wenig.
$H_{2(g)} + 2Cl_{2(g)} \xrightarrow{\Delta} 2HCl_{(g)}$; exotherm

Der letzte Schritt entfällt. Wir habe ja keine halben Moleküle vorliegen.

Was bringt uns die Symbolgleichung?

In der Symbolgleichung ist ganz eindeutig eine Reaktion beschrieben. Dies hat Vorteile:

1. **Durch die Symbolgleichung hast du Gewissheit, dass keine Atomsorten verschwinden oder neu hinzukommen können.** (Es wird nicht gezaubert!)
   Beispiel: Eisen und Schwefel reagieren unter bestimmten Bedingungen zu einem goldglänzenden Stoff. Die Symbolgleichung $Fe + S \rightarrow Au$ (Gold) macht keinen Sinn. Da wir ja nur Eisen- und Schwefelatome in den Ausgangsstoffen vorliegen haben und diese nicht zerstört werden dürfen bzw. neue Atomsorten (hier Goldatome) nicht hinzukommen dürfen.
2. **Mit der Symbolgleichung kannst du überprüfen, ob neben den beobachteten Endstoffen noch weitere Stoffe entstehen**, die aber schwer beobachtbar sind (z. B. weil sie farblos und gasförmig sind).
   Beispiel: Erhitzt man Kalk (Verhältnisformel $CaCO_3$), so nimmt die Masse scheinbar ab. Weitere Versuche ergeben die Verhältnisformel CaO. Stellt man die Symbolgleichung auf, so erkennt man, dass sich neben Calciumoxid noch ein weiterer Stoff gebildet haben muss, der Kohlenstoffatome enthält:
   $CaCO_3 \rightarrow CaO + ?$
   Es könnte also noch CO_2 gebildet worden sein.
3. Die Symbolgleichung kann **als Versuchsvorschrift dienen, die angibt, wie viel Gramm du von den Ausgangsstoffen einsetzen musst**, um eine vollständige Reaktion (nichts an Ausgangsstoffen soll übrig bleiben) zu bekommen.
   Beispiel: Wir möchten 4 g Aluminium (≈ 0,15 mol Al-Atome) vollständig mit Sauerstoff reagieren lassen. Wir benötigen die 1,5-fache Menge an O-Atomen (= 0,225 mol), die 3,6 g wiegen gemäß $m = n \cdot M$.

Jetzt weißt du auch, warum dein Chemie-Lehrer unbedingt immer noch die Symbolgleichung hinschreiben will. Und noch was: Herzlichen Glückwunsch, dass du es bis hierher durchgehalten hast! Viele schwierige Dinge hast du jetzt schon durchgeackert. Was jetzt folgt, wirst du bestimmt auch noch schaffen!

7 Erstelle die Symbolgleichung aus folgenden Wortgleichungen.

a) $\text{Natrium}_{(s)}$ + $\text{Chlor}_{(g)}$ → $\text{Natriumchlorid}_{(s)}$; exotherm.
b) $\text{Aluminium}_{(s)}$ + $\text{Iod}_{(s)}$ → $\text{Aluminiumtriiodid}_{(s)}$; exotherm.
c) $\text{Quecksilber(II)-oxid}_{(s)}$ → $\text{Quecksilber}_{(s)}$ + $\text{Sauerstoff}_{(g)}$; endotherm.
d) $\text{Blei}_{(s)}$ + $\text{Schwefel}_{(s)}$ → $\text{Blei(II)-sulfid}_{(s)}$; exotherm.
e) $\text{Schwefel}_{(s)}$ + $\text{Sauerstoff}_{(g)}$ → $\text{Schwefeldioxid}_{(g)}$; exotherm.
f) $\text{Phosphor}_{(s)}$ + $\text{Sauerstoff}_{(g)}$ → $\text{Diphosphorpentaoxid}_{(s)}$; exotherm.

8 Ermittle aus den Texten die Symbolgleichung der Reaktion.

a) Bei der Reaktion von Eisensulfid mit Wasserstoffchlorid werden in einer exothermen Reaktion Eisen(II)-chlorid und Diwasserstoffsulfid gebildet.
b) Titandioxid, Kohlenstoff und Chlor reagieren zu Titan(II)-chlorid und Kohlenstoffmonooxid.
c) Bei einer heftigen Reaktion einer Natrium-Kalium-Legierung mit Kohlenstofftetrachlorid entstehen Kohlenstoff und zu gleichen Baueinheiten Natriumchlorid und Kaliumchlorid.
d) Giftiges Ammoniak (Formel NH_3) wird mit ebenfalls giftigem Stickstoffdioxid zu ungiftigem Stickstoff und Wasser umgesetzt.

9 Gleiche folgende Symbolgleichungen aus. Ermittle die Koeffizienten.

a) $\square\, Na + \square\, I_2 \rightarrow \square\, NaI$
b) $\square\, Al + \square\, Br_2 \rightarrow \square\, AlBr_3$
c) $\square\, Mg + \square\, I_2 \rightarrow \square\, MgI_2$
d) $\square\, S + \square\, O_2 \rightarrow \square\, SO_3$
e) $\square\, Na + \square\, H_2O \rightarrow \square\, NaOH + \square\, H_2$
f) $\square\, HCl + \square\, O_2 \rightarrow \square\, H_2O + \square\, Cl_2$
g) $\square\, KBr + \square\, Cl_2 \rightarrow \square\, KCl + \square\, Br_2$
h) $\square\, PbS + \square\, O_2 \rightarrow \square\, PbO + \square\, SO_2$
i) $\square\, Fe_3O_4 + \square\, Al \rightarrow \square\, Fe + \square\, Al_2O_3$

4.4 Atommodelle im Vergleich

Experimente führen dazu, dass die Vorstellungen über den Aufbau der Atome weiter verfeinert werden müssen. Für die Atommodelle gilt dies ganz besonders:

A B C D

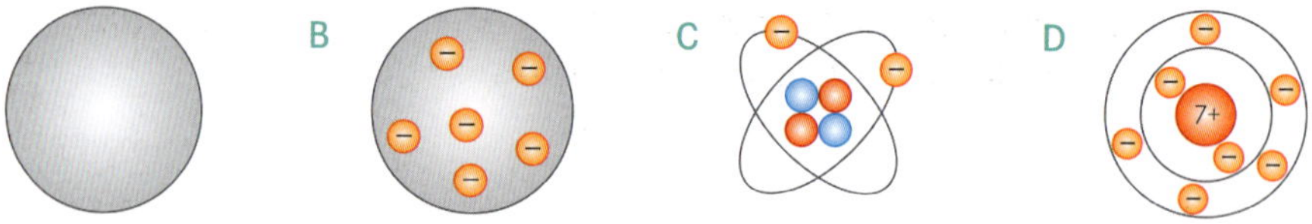

Dalton-Modell Thomson-Modell Rutherford-Modell Bohr-Modell

Dalton-Modell (1803):
Atome sind massive Kugeln.
Forscher finden noch kleinere Bestandteile, die Elektronen, die nachweislich aus dem Atom stammen. Atome sind keine massiven Kugeln, sondern haben einen feineren Aufbau.

Thomson-Modell (Rosinenmodell 1903):
Atome bestehen aus Elektronen, die wie Rosinen in einem Kuchen in einer gestaltlosen positiven Grundsubstanz eingebettet sind.
Forscher können in Experimenten zeigen, dass positiv geladene Teilchen sehr große Anteile des Atoms mühelos passieren können. Solche positiven Teilchen müssten eigentlich von der positiv geladenen Grundsubstanz des Atoms abgestoßen werden.

Rutherford-Modell (Kern-Hülle-Modell 1911):
Elektronen kreisen um einen Kern, in dem fast die gesamte Masse vereint ist und der ca. 1 Zehntausendstel des Atomdurchmessers ausmacht. Im Atomkern befinden sich positiv geladene Protonen und neutrale Neutronen. Beide Kernbestandteile haben die Masse von nahezu 1 u, die Masse der Elektronen ist tausendfach kleiner und fällt daher kaum ins Gewicht!
Experimente zeigen jedoch, dass die Elektronen der Hülle unterschiedliche Energieinhalte besitzen.

Bohr-Modell (Schalenmodell 1913):
Die Elektronen in der Hülle haben bestimmte Energieinhalte und kommen auf bestimmten „Energieschalen" vor. Die Anzahl der Elektronen auf den einzelnen Energieschalen ist vorgegeben! Diese Energieschalen fallen mit den Perioden (= Zeilen) im Periodensystem zusammen.

TIPPS UND INFOS | **Das geeignete Modell wählen**

Atome können unterschiedlich kompliziert gedacht werden. Als Faustregel gilt: Versuche ein chemisches Problem mit dem einfachsten Modell zu erklären, eignet sich das Modell nicht, so probiere das nächst komplexere. (Teilchenmodell - Dalton-Modell - Rutherford-Modell - usw.)

1 **Zeichne ein Lithiumatom (mit 3 Protonen, 4 Neutronen und 3 Elektronen) im Dalton-, Thomson-, Rutherford- und Schalenmodell.**

4.5 Atombau und das Periodensystem der Elemente

Schon lange wusste man, dass ein Zusammenhang zwischen chemischen Eigenschaften und dem Atomaufbau der Elemente besteht. Im Periodensystem der Elemente ist dieser Zusammenhang offensichtlich.

Periodensystem

Schaue dir die folgende Abbildung an und vergleiche sie mit dem ausführlichen Periodensystem, das du in deinem Lehrbuch findest. Das Periodensystem sieht wie eine Tabelle aus. Es gibt 7 Zeilen, die von oben nach unten durchnummeriert sind. Sie heißen Perioden. Außerdem gibt es jede Menge Spalten, uns interessieren nur die Hauptgruppen, von denen es acht gibt (rot nummeriert von links nach rechts).

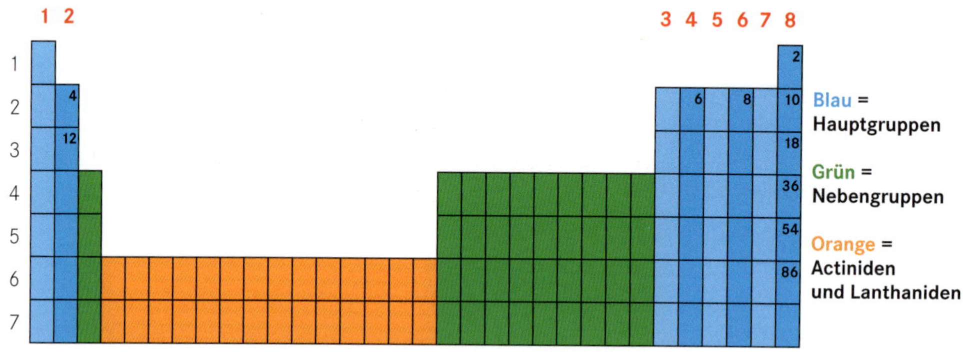

Die restlichen Spalten werden als Nebengruppen (grün) oder Actiniden und Lanthaniden (orange) bezeichnet. Hier sind die chemischen Eigenschaften jeweils recht ähnlich. Es sind alles Metalle. Sie sollen jetzt nicht weiter behandelt werden.

Jedes Element verfügt über eine Ordnungszahl, die seine Stellung im Periodensystem festlegt.

Ordnungszahl

Die Ordnungszahl oder Kernladungszahl gibt an, wie viele Protonen im Kern eines Atoms des entsprechenden Elements vorkommen.
Beispiel: Kohlenstoff hat die Ordnungszahl 6, d. h., ein C-Atom enthält 6 Protonen im Kern.

Wie sind die Elemente im Periodensystem geordnet?

1. Von Wasserstoff (1. Periode, 1. Hauptgruppe), beginnend mit der Ordnungszahl 1, geht die Nummerierung von links nach rechts und dann in der nächsten Zeile weiter.
2. Elemente mit chemisch ähnlichen Eigenschaften stehen in derselben Spalte.

Das Schalenmodell und das Periodensystem hängen sehr eng miteinander zusammen:

- Die **Perioden** geben die **Anzahl der Energieschalen** an.
  Beispiel: Schwefel befindet sich in der 3. Periode, d. h., die Schwefelatome besitzen Elektronen, die sich auf drei Energieschalen befinden.
- Die Hauptgruppennummer gibt an, wie viele **Elektronen auf der äußersten Energieschale** vorhanden sind.
  Beispiel: Sauerstoff steht in der 6. Hauptgruppe, es befinden sich in einem O-Atom 6 Elektronen auf der äußersten Energieschale.
- Die Elektronen der äußersten Energieschalen nennt man **Valenzelektronen** (lat.: Valenz = Wertigkeit), da die Anzahl der Elektronen und die Wertigkeit eng verknüpft sind (siehe Aufgabe 3 auf S. 60).

DAS MUSST DU WISSEN — **Valenzelektronen**

Die **chemischen Eigenschaften** eines Elements hängen von der Zahl der Elektronen auf der äußersten Energieschale – den Valenzelektronen – ab. Die Elektronen vollbesetzter innerer Energieschalen haben keinen Einfluss auf die chemischen Eigenschaften. Die Valenzelektronen bestimmen maßgeblich die **Wertigkeit.**

Edelgase sind besonders reaktionsträge. Sie besitzen mit Ausnahme des Heliums jeweils 8 Valenzelektronen. (Helium besitzt eine einzige Energieschale, auf der nur zwei Elektronen Platz haben.) Offensichtlich scheinen 8 Valenzelektronen zu einem stabilen Atomzustand zu führen.

DAS MUSST DU WISSEN — **Oktettregel**

Atome, die acht Valenzelektronen besitzen, sind chemisch meist reaktionsträge. Die Oktettregel gilt streng genommen nur **für Elemente der 2. Periode.** Die Oktettregel besitzt viele *Ausnahmen*: Wasserstoffatome benötigen nur zwei Elektronen, um eine abgeschlossene Energieschale zu besitzen – häufig geben Wasserstoffatome sogar ihr einziges Elektron ab. Bei Elementen, die ab der 3. Periode vorkommen, können auch mehr als 8 Elektronen in der äußersten Energieschale Platz finden.

1 **Nimm ein Periodensystem zu Hilfe und sage, wie viele Valenzelektronen und wie viele Energieschalen die Atome folgender Elemente haben:**
H, B, I, K, Ar.

	Valenzelektronen	Energieschalen
H:	1	1
B:	3	2
I:	7	5
K:	1	4
Ar:	8	3

DAS MUSST DU WISSEN **Anzahl der Valenzelektronen und Wertigkeit**

Die Hauptgruppe, die Valenzelektronen und die Wertigkeit hängen miteinander zusammen: Atome von Hauptgruppenelementen, die weniger als fünf Valenzelektronen besitzen, haben oft die gleiche Wertigkeit wie die Nummer ihrer Hauptgruppe. Atome von Hauptgruppenelementen mit mehr als vier Valenzelektronen haben oft dieselbe Wertigkeit wie acht minus der Zahl der Valenzelektronen.

2 **Zeichne im Schalenmodell ein Atom der Elemente**
He, B, N, Cl, S und Al.

3 **Zusammenhang von Atomaufbau und Wertigkeit**
Überprüfe die im Kasten oben genannte Regel anhand der Elemente B, Br, Ca und Li. Nimm auch die Abbildung auf S. 50 zu Hilfe.

Isotope

Elektronen tragen kaum etwas zur Atommasse bei, Protonen und Neutronen wiegen ca. 1 u. Eigentlich sollten die Atommassen demzufolge immer in der Nähe ganzer Zahlen liegen! Chlor besitzt jedoch eine Atommasse von 35,5 u. Wie geht so etwas? Atome eines Elements haben zwar immer dieselbe Anzahl von Protonen, aber nicht immer dieselbe Anzahl von Neutronen.

Atombestandteile	Abkürzung	Ort	Masse
Elektron	e	Hülle	0,0005 u
Proton	p	Kern	ca. 1 u
Neutron	n	Kern	ca. 1 u

Merke: Atome eines Elementes, die unterschiedlich viele Neutronen im Kern besitzen, heißen **Isotope**.

Einige Elemente besitzen nur eine Sorte von Atomkernen, sie werden **Reinelemente** genannt. Beispiele: Be, F, Na, Al, P; ihre Atommassen liegen erwartungsgemäß immer in der Nähe ganzer Zahlen.
Chlor dagegen gehört zu den **Mischelementen** – in der Natur kommen die Isotope ^{35}Cl und ^{37}Cl vor. Die Hochzahl vor dem Elementsymbol steht für die **Massenzahl.** Da nach der Tabelle oben nur Protonen und Neutronen wesentlich zur Masse des Atoms beitragen, fällt die Massenzahl mit der Zahl der Protonen und Neutronen nahezu zusammen.

Merke: Die **Neutronenzahl eines Atoms** eines Isotops wird durch die Massenzahl (MZ) und Ordnungszahl (OZ) berechnet: Zahl der Neutronen = MZ – OZ.

Wie erklärt sich jetzt die Atommasse von 35,5 u pro Chloratom? 76 von 100 Kernen wiegen 35 u und 24 wiegen 37 u. Würde man also 100 Kerne wiegen, käme man auf ein Gewicht von 3 550 u. Teilt man durch 100, so erhält man den Durchschnittswert von 35,5 u. Solch einen Durchschnittswert kennst du auch von deinen Klassenarbeiten als Durchschnittsnote.

Isotop	^{35}Cl	^{37}Cl
Anzahl der Isotope bezogen auf 100 Atome	76	24
Anzahl Protonen	17	17
Anzahl Neutronen und Protonen (= Massenzahl)	35	37
Anzahl Neutronen	18	20

$^{63}_{29}Cu$

Beispiel: Was kann man über den Atomaufbau des Isotops ^{63}Cu sagen?
Ordnungszahl 29; Massenzahl 63

- ▷ 29 Protonen (Kernladung)
- ▷ 29 Elektronen (gleich viele Elektronen, da das Atom elektrisch neutral ist)
- ▷ Elektronen sind auf 4 Energieschalen verteilt (PSE – Cu steht in 4. Periode)
- ▷ 34 Neutronen (63 – 29)

4 Was kannst du über den Atombau folgender Isotope sagen?
^{24}Mg; ^{19}F; ^{15}N; ^{30}Si; ^{48}Ca; ^{85}Rb
Nimm das Periodensystem der Elemente zu Hilfe.

Elementfamilien und Hauptgruppen

Hauptgruppen und Elementfamilien, d. h. Elemente mit chemisch ähnlichen Eigenschaften, stehen in einem Zusammenhang. Atombau und chemische Eigenschaften sind miteinander verbunden (Näheres dazu findest du in Kap. 6). Die folgende Tabelle fasst dies zusammen:

I. Hauptgruppe Alkalimetalle	unedle Metalle, bei 20 °C schneidbar, elektrisch leitend, reaktionsfreudig (nach unten zunehmend), Vorkommen nur in Verbindungen; großer Atomverband
II. Hauptgruppe Erdalkalimetalle	unedle Metalle, elektrisch leitend, weniger reaktionsfreudig, nach unten heftiger, Vorkommen nur in Verbindungen; großer Atomverband
VII. Hauptgruppe Halogene	Nichtmetalle, Zustand wechselt von gasförmig nach unten über flüssig zu fest; nicht elektrisch leitend; kommen meist in Verbindungen vor, sind sehr reaktionsfreudig – nach unten abnehmend; zweiatomige Moleküle
VIII. Hauptgruppe Edelgase	farblose, gasförmige Nichtmetalle; nicht elektrisch leitend, sehr reaktionsträge; Vorkommen als Element; einzelne Atome

Hinweis: Die Elementfamilien in der Mitte des PSE sind nicht mehr so einheitlich, hier kommen sowohl Metalle als auch Nichtmetalle untereinander vor. Aber auch in der ersten Hauptgruppe gibt es einen „Irrläufer“, da Wasserstoff wenig mit den Alkalimetallen gemeinsam hat.

5 **Versuche chemische Ähnlichkeiten bei Elementen der 5. Hauptgruppe zu finden.** Fertige eine Tabelle an mit Zustand (bei 20 °C), Farbe, Dichte, Schmelz- und Siedetemperatur. Gibt es viele Übereinstimmungen?

Test

1 **Schwefel und Silber reagieren in der Hitze leicht zu einem schwarzen, spröden Reaktionsprodukt.** |18|

a) Bei einem Versuch werden 4,07 g Silber eingesetzt, das Reaktionsprodukt wiegt 4,68 g. Wie viele Gramm Schwefel haben mit 4,07 g Silber reagiert? Berechne mithilfe des Gesetzes der Massenerhaltung.
b) Ein anderer Versuch ergibt: 10 g Silber reagieren mit 1,49 g Schwefel. Ermittle die Formel der Silber-Schwefel-Verbindung und benenne sie.
c) Handelt es sich bei der Formel aus b) um eine Verhältnis- oder Molekülformel? Begründe kurz. Zeichne im Dalton-Modell 30 Atome der entstandenen Verbindung. Hinweis: Hast du bei b) nichts herausbekommen, dann arbeite mit der Formel Ag_2S weiter.
d) Formuliere die Symbolgleichung der Reaktion.
e) Ermittle die Wertigkeit der Silberatome in der Verbindung.

2 **Nimm ein Periodensystem zur Hand.** |12|

a) Ein Atom besitzt zwei Valenzelektronen. Die Elektronen sind auf zwei Energieschalen verteilt. Erkläre, zu welchem Element das Atom gehört!
b) Fluor zählt zu den Reinelementen, die Massenzahl beträgt 19. Wie viele Elektronen, Neutronen und Protonen besitzt ein Fluoratom? Fertige ein Bohr- und ein Rutherford-Modell eines Fluoratoms an.

||30||

Wie viele Punkte hast du? Erreichst du mehr als 24 Punkte, beherrschst du den Inhalt des Kapitels wirklich gut. Erreichst du weniger als 12 Punkte, dann solltest du dieses Kapitel wiederholen.

5 Chemische Bindung

WAS DU SCHON WISSEN SOLLTEST

▷ Unterschied Element – Verbindung
▷ Merkmale chemischer Reaktionen; chemische Formeln und Reaktionsgleichungen
▷ Modellvorstellung zum Atombau

DARUM GEHT ES

Die chemische Bindung sorgt für den Zusammenhalt der Atome in einer Verbindung.

5.1 Alkalimetall und Halogen: Salzbildung

Die Reaktion eines Alkalimetalls mit einem Halogen ist typisch für zahlreiche chemische Reaktionen. Dabei entsteht aus zwei sehr unterschiedlichen Stoffen ein dritter Stoff mit Eigenschaften, die sich von denen der Ausgangsstoffe grundlegend unterscheiden. In diesem Kapitel wird erklärt, *wie* und *warum* diese Reaktion abläuft.

Die Reaktion von Natrium mit Chlor

Natrium ist ein weiches Metall, dessen Schnittflächen silbrig-weiß glänzen. Es gehört zur Gruppe der *Alkalimetalle* (siehe Kapitel 6.3). *Chlor* ist ein gelbgrünes, stechend riechendes und giftiges Gas: ein typisches Nichtmetall. Es gehört zur Gruppe der *Halogene* (siehe Kapitel 6.4).

Bringt man erhitztes Natrium in Chlorgas, findet eine sehr heftige Reaktion unter Aufglühen und Aussendung eines gelben Lichts statt. Die Reaktion ist also exotherm.

Es entsteht ein weißer kristalliner Feststoff, der eine sehr hohe Schmelztemperatur hat, in Wasser leicht löslich ist und salzig schmeckt: Kochsalz (oder mit chemischem Namen: *Natriumchlorid*).

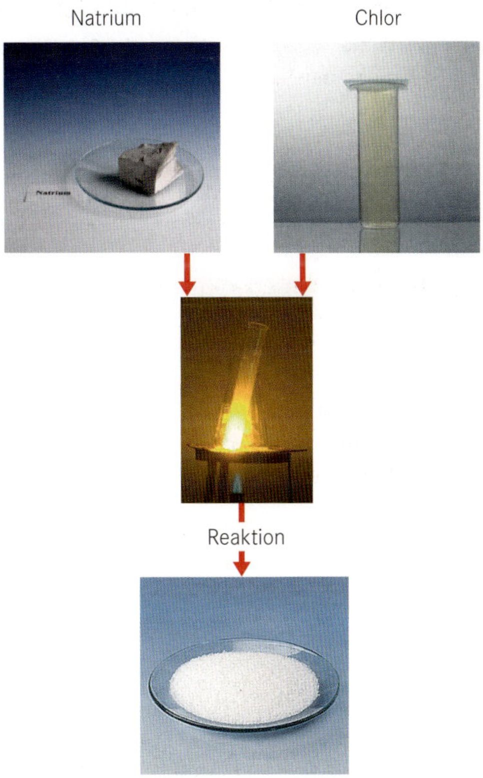

Merke: Halogene reagieren mit Metallen zu Metallhalogeniden.

Die **Wortgleichung** lautet:

Natrium$_{(s)}$ + Chlor$_{(g)}$ $\xrightarrow{\Delta}$ Natriumchlorid$_{(s)}$; exotherm.

Um die **Formelgleichung** aufzustellen, muss man berücksichtigen, dass elementares Chlor immer in Form von zweiatomigen Molekülen vorkommt. Man muss die Gleichung also mit Cl_2 formulieren und die Stoffmengen von Natrium und Natriumchlorid anpassen.

$2\ Na_{(s)} + Cl_{2\ (g)} \rightarrow 2\ NaCl_{(s)}$

Warum reagieren diese beiden Stoffe so bereitwillig miteinander?

Die Antwort liefert der Aufbau der Atome, aus denen sie bestehen: Ein Natrium-Atom mit der Kernladungszahl +11 hat 2 Elektronen in der innersten Schale, 8 Elektronen in der zweiten und 1 Elektron in der dritten Schale. Um eine Elektronenkonfiguration wie das benachbarte Edelgas Neon zu erreichen, die besonders günstig ist, muss das Natrium-Atom das äußere Elektron abgeben. Ein Chlor-Atom mit der Kernladungszahl +17 hat 2 Elektronen in der innersten Schale, 8 Elektronen in der zweiten und 7 Elektronen in der dritten Schale. Um eine edelgasähnliche Elektronenkonfiguration zu erreichen, muss das Chlor-Atom ein zusätzliches Elektron in die äußere Schale aufnehmen.

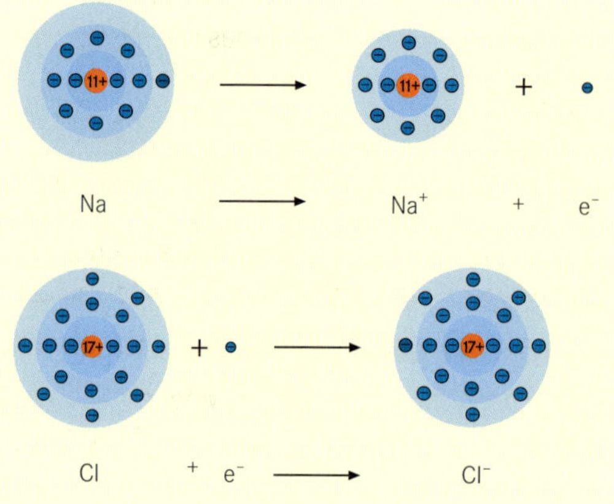

Elektronenübertragung von Natrium auf Chlor: Darstellung im Schalenmodell der Elektronenhülle.

Die chemische Reaktion zwischen Natrium und Chlor besteht folglich darin, dass ein Natrium-Atom sein äußeres Elektron auf ein Chlor-Atom überträgt. Natrium ist also der **Elektronen-Donator**, Chlor ist der **Elektronen-Akzeptor**. Es entstehen dabei elektrisch geladene Teilchen: positiv geladene Natrium-Kationen (die ein Elektron weniger als ein neutrales Natrium-Atom besitzen) und negativ geladene Chlorid-Anionen (diese haben ein Elektron mehr als ein neutrales Chlor-Atom). Zur Erinnerung: Die Endung -id im Namen zeigt die negative Ladung an. Durch die chemische Reaktion erreichen also beide Elemente eine edelgasähnliche Elektronenkonfiguration: Dies ist die **Triebkraft** der Reaktion.

DAS MUSST DU WISSEN — **Elektronenübertragung und Edelgasregel**

1. Durch Aufnahme oder Abgabe von Elektronen werden Atome zu Ionen. Positiv geladene Ionen = **Kationen;** negativ geladene Ionen = **Anionen.**
2. Bei einer chemischen Reaktion sind die Atome der beteiligten Elemente bestrebt, eine edelgasähnliche Elektronenkonfiguration zu erreichen (Edelgasregel).

Verallgemeinerung: Reaktion von Metallen mit Nichtmetallen
Metalle stehen links im Periodensystem, sie haben also wenige Elektronen in der äußeren Schale. Der kürzeste Weg zur Edelgaskonfiguration besteht für sie in der Abgabe von Elektronen. Nichtmetalle stehen dagegen auf der rechten Seite des Periodensystems, für sie ist es vorteilhafter, Elektronen aufzunehmen.

DAS MUSST DU WISSEN **Elektronen-Akzeptor und -Donator**

Bei der Reaktion eines Metalls mit einem Nichtmetall überträgt das Metall seine äußeren Elektronen auf das Nichtmetall. Das Metall ist Elektronen-Donator, das Nichtmetall Elektronen-Akzeptor.

Wenn die Anzahl der abgegebenen und der aufgenommenen Elektronen nicht übereinstimmt, muss dennoch insgesamt die *elektrische Neutralität* erhalten bleiben. Daher müssen die Stoffmengen von Metall und Nichtmetall aufeinander abgestimmt sein (siehe Kapitel 5.3).

Beispiel: Natrium soll mit Schwefel reagieren. Natrium gibt ein Elektron ab, um eine Edelgaskonfiguration zu erreichen; Schwefel nimmt zwei Elektronen auf. Deshalb benötigt man für jedes Schwefel-Atom zwei Natrium-Atome. Reaktionsgleichung: $2\ Na + S \rightarrow Na_2S$

1 Stelle die Stoffeigenschaften von Natrium, Chlor und Natriumchlorid in einer Tabelle zusammen.
Tipp: Schlage fehlende Informationen im Lehrbuch oder im Internet nach.

	Natrium	Chlor	Natriumchlorid
Formel			
Element oder Verbindung?			
Aggregatzustand			
Schmelztemperatur			
Dichte			
Farbe			
Geruch			
Giftigkeit			
Härte			
elektrische Leitfähigkeit			
Stoffklasse			

2 Erläutere.
Warum sind Kalium-Ionen einfach positiv, Calcium-Ionen zweifach positiv, Bromid-Ionen einfach negativ und Sulfid-Ionen zweifach negativ geladen?

3 Beschreibe mit dem Schalenmodell der Elektronenhülle die Reaktionen von

a) Lithium und Fluor, b) Magnesium und Sauerstoff, c) Magnesium und Fluor.

4 Erkläre.

a) Was ist ein Elektronen-Donator, was ein Elektronen-Akzeptor?
b) Warum verhalten sich Metalle bei chemischen Reaktionen in der Regel als Elektronen-Donatoren, Nichtmetalle dagegen als Elektronen-Akzeptoren?

5.2 Ionenbindung, Ionengitter und Stoffeigenschaften

Ionenverbindungen haben eine Reihe charakteristischer Eigenschaften. Diese kann man erklären bzw. sogar vorhersagen, wenn man den Aufbau der Stoffe kennt.

DAS MUSST DU WISSEN Ionenbindung

Bildung des Natriumchloridgitters und die Gitterenergie
Gedankliche Zerlegung der Reaktion von Natrium mit Chlor in einzelne Teilschritte:

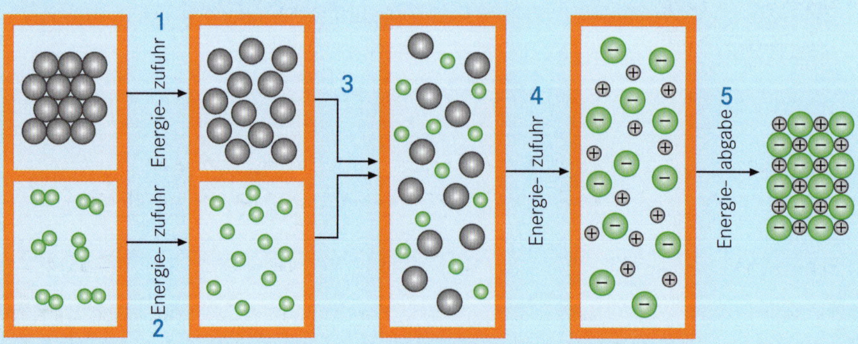

1 Verdampfen von festem Natrium
2 Trennen von Cl_2-Molekülen in Cl-Atome
3 Vermischen von Na-Atomen mit Cl-Atomen in der Gasphase
4 Elektronenübertragung; Bildung von Natrium-Kationen und Chlorid-Anionen
5 Zusammenlagern der beiden Ionensorten zu einem festen Ionengitter

DAS MUSST DU WISSEN Gitterenergie

Die Gitterenergie ist diejenige Energie, die bei der Bildung eines Ionengitters aus den gasförmigen Ionen frei wird.

BEISPIEL Struktur von Natriumchlorid

Natriumchlorid (Kochsalz) bildet würfelförmige Kristalle. Darin sind die Natrium-Kationen und die Chlorid-Anionen in einem **Ionengitter** angeordnet (s. Abbildung unten). Bauprinzip: Weil sich ungleiche elektrische Ladungen anziehen, sind die positiv geladenen Ionen vornehmlich von negativ geladenen umgeben und umgekehrt. Diese Anordnung ist sehr regelmäßig, sie wiederholt sich über den ganzen Kristall hinweg.
In einem Ionengitter sind die Ionen dicht gepackt, sie berühren sich (linke Abbildung). Oft stellt man sie aber kleiner dar, um den Aufbau des Gitters besser zu erkennen (rechte Abbildung).

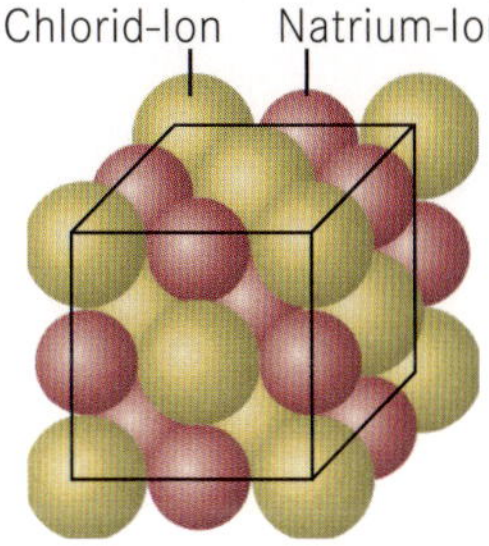

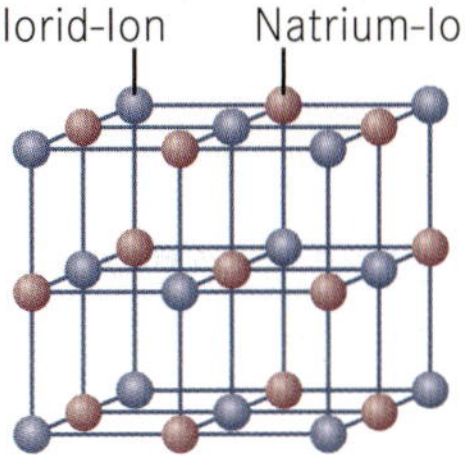

1 **Vier weiße, pulverförmige Feststoffe werden untersucht. Ordne zu.**
Mehl, Zucker, Kochsalz, Aluminiumoxid. Welche Stoffe sind Ionenverbindungen?

Eigenschaft	Stoff 1	Stoff 2	Stoff 3	Stoff 4
Verhalten beim Erhitzen	schmilzt, Schmelze wird braun	schmilzt bei sehr langem Erhitzen	schmilzt nicht, verkohlt	schmilzt nicht
Löslichkeit in Wasser	gut löslich	gut löslich	nicht löslich	nicht löslich
Leitfähigkeit der wässrigen Lösung	keine	leitet gut	keine	keine

Struktur und Eigenschaften von Ionenverbindungen

Aus dem regelmäßigen Aufbau eines Ionenkristalls aus elektrisch geladenen Teilchen lässt sich eine Reihe von Eigenschaften ableiten.

Strukturmerkmal (Ebene der kleinsten Teilchen)	**Folge (beobachtbare Stoffeigenschaften)**	**Beispiele**
Die Ionen sind in geraden Reihen und Ebenen angeordnet.	Ein Kristall hat *gerade Kanten und Flächen.*	Natriumchloridkristalle, vergrößert: 
Positiv und negativ geladene Ionen wechseln sich ab.	Ionenkristalle sind meistens *hart und spröde.*	Modellvorstellung: 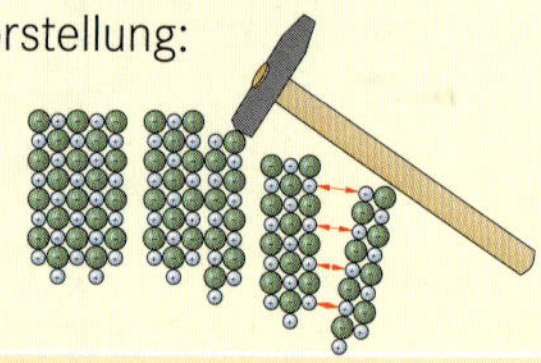
Die Gitterenergie ist im Allgemeinen hoch. Sie ist dabei umso größer, je größer der Betrag der Ionenladung ist.	Ionenverbindungen sind bei Raumtemperatur fest und haben in der Regel *hohe bis sehr hohe Schmelztemperaturen.*	Natriumchlorid (Na^+ und Cl^-) schmilzt bei 801 °C, Magnesiumoxid (Mg^{2+} und O^{2-}) aber bei 2 852 °C.
Ionen sind elektrisch geladen und werden von polaren Stoffen angezogen.	Viele Ionenverbindungen *lösen sich gut in Wasser*, weil Wassermoleküle *polar* sind und die Ionen umhüllen können. Wenn aber die Gitterenergie sehr groß ist, überwiegt diese: Dann ist der Stoff unlöslich.	Natriumchlorid löst sich gut in Wasser, aber Magnesiumoxid ist wasserunlöslich. Modellvorstellung: 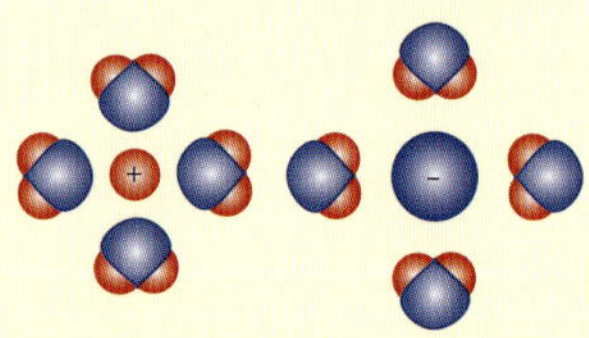
Im Ionengitter sind Ionen unbeweglich, im geschmolzenen Zustand und in einer Lösung sind sie jedoch beweglich.	Ionenverbindungen sind *im festen Zustand elektrische Isolatoren*. Dagegen sind sie im *geschmolzenen Zustand gute elektrische Leiter*. Auch wässrige Lösungen von Ionenverbindungen leiten den elektrischen Strom gut.	Modell des Ladungstransports in einer Salzlösung: 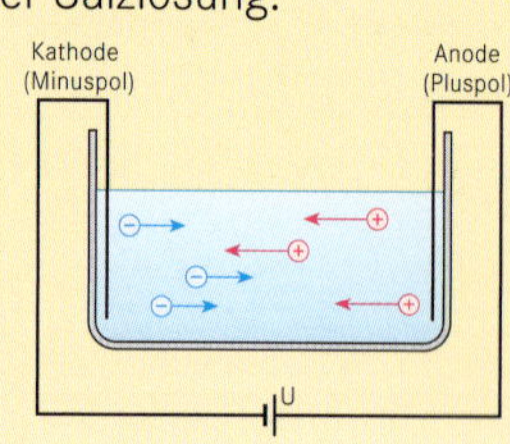

5.3 Redoxreaktionen sind Elektronenübertragungsreaktionen

Als Redoxreaktion kann man nicht nur die Reaktion eines Metalls mit Sauerstoff, sondern allgemein die Reaktion eines Metalls mit einem Nichtmetall beschreiben – und noch allgemeiner: alle Reaktionen, bei denen Elektronen übertragen werden.

Elektronenübertragung

Tipp: Wiederhole zuerst S. 32 sowie Kapitel 5.1, Übungen 3 und 4.

Beispiel: Reaktion von Magnesium mit Sauerstoff und mit Chlor

Beobachtungen bei der Reaktion:

Reaktion von Magnesium mit Sauerstoff

Reaktion von Magnesium mit Chlor

Beide Reaktionen verlaufen sehr ähnlich: es wird eine große Energiemenge frei (Feuererscheinung) und es entsteht ein weißer, salzartiger Stoff.

Auf der Teilchenebene laufen ebenfalls vergleichbare Vorgänge ab: Ein Magnesium-Atom überträgt seine beiden äußeren Elektronen (a) auf ein Sauerstoff-Atom bzw. (b) auf zwei Chlor-Atome.

Elektronenabgabe:	Mg	$\rightarrow$	$Mg^{2+} + 2\,e^-$
Elektronenaufnahme:	$Cl_2 + 2\,e^-$	$\rightarrow$	$2\,Cl^-$
Summe der beiden Teilgleichungen:	$Mg + Cl_2$	$\rightarrow$	$Mg^{2+} + 2\,Cl^-$

Die entstehenden Mg^{2+}- und Cl^--Ionen lagern sich zum Ionengitter des $MgCl_2$ zusammen.

DAS MUSST DU WISSEN **Redoxreaktion**

Elektronenabgabe = Oxidation
Elektronenaufnahme = Reduktion
Elektronen-übertragungsreaktion = Redoxreaktion

Zum Beispiel: Reaktionsschema

Oxidation, – 2 e⁻ ($Mg \rightarrow Mg^{2+}$)

$$Mg + Cl_2 \longrightarrow Mg^{2+} + 2\,Cl^-$$

Reduktion, + 2 e⁻ ($Cl_2 \rightarrow 2\,Cl^-$)

Bei jeder Redoxreaktion muss die Anzahl der abgegebenen Elektronen mit der Anzahl der aufgenommenen Elektronen übereinstimmen **(Elektronenbilanz)**. Erst wenn die Elektronenbilanz stimmt, kann man die **Stoffbilanz** ausgleichen.

DAS MUSST DU WISSEN Redoxreihe der Metalle

Du weißt bereits, dass Metalle unterschiedlich stark mit Sauerstoff reagieren: Unedle Metalle reagieren heftig, edle Metalle langsam oder gar nicht. Ebenso ist das Bestreben der Metallatome, Elektronen abzugeben, unterschiedlich stark ausgeprägt: Atome unedler Metalle geben ihre Elektronen leichter ab als die Atome edler Metalle. Dementsprechend nehmen Kationen von edlen Metallen leicht Elektronen auf und werden dabei wieder zum elementaren Metall reduziert.
Man kann die Metalle nach ihrem Redoxverhalten in eine Reihenfolge bringen:

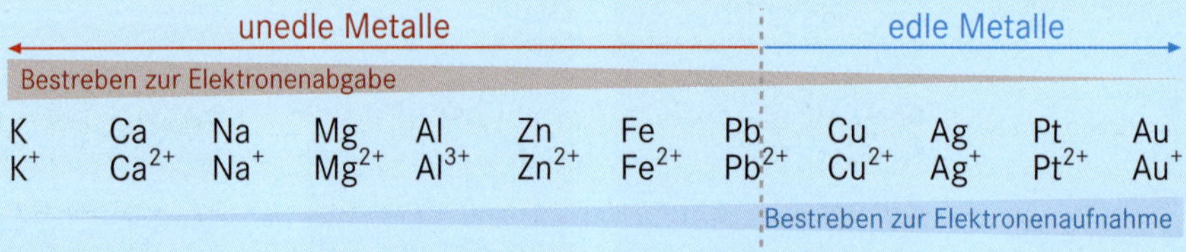

Beispiel: Aus dieser Redoxreihe kann man ablesen, dass Cu^{2+}-Ionen von elementarem Zink zu metallischem Kupfer reduziert werden können, denn Kupfer ist edler als Zink, es steht in der Redoxreihe weiter rechts.

1 Formuliere die Teilgleichungen und die vollständige Redoxgleichung für folgende Reaktionen:

a) Calcium mit Schwefel,
b) Kalium mit Chlor,
c) Aluminium mit Fluor,
d) Eisen mit Sauerstoff (es entsteht Fe_2O_3).

2 Elektronenübertragungen

a) An welche Metall-Ionen im obigen Schema können Kupfer-Atome Elektronen abgeben?
b) Von welchen Metallatomen können Cu^{2+}-Ionen Elektronen aufnehmen?

3 Ladungstransport

a) Beschreibe die Vorgänge, die ablaufen, wenn man ein Zinkblech in eine Lösung taucht, die Ag^+-Ionen enthält.
b) Was passiert, wenn man den gleichen Versuch mit einer Lösung mit Mg^{2+}-Ionen durchführt?

4 Schiffe werden vor Korrosion geschützt, indem man am stählernen Rumpf Zinkbarren befestigt. Was ist der Sinn dieser Maßnahme?

5.4 Elektrolyse: erzwungene Redoxreaktionen

Durch elektrischen Strom kann man Elektronenübergänge erzwingen. Dadurch werden chemische Reaktionen ermöglicht, die normalerweise nicht bzw. nur in die umgekehrte Richtung ablaufen würden.

Die Elektrolyse einer Salzschmelze

Wenn man elektrischen Strom an einen Ionenkristall anlegt, passiert nichts, denn in einem Ionengitter sind die Ionen unbeweglich. **In einer Schmelze sind die Ionen** dagegen **beweglich.** Taucht man Elektroden in eine Salzschmelze und legt eine Gleichspannung an, wandern die positiv geladenen Ionen (Kationen) zur negativ geladenen Elektrode (Kathode) und werden dort durch die im Überschuss vorhandenen Elektronen reduziert. Die negativ geladenen Ionen (Anionen) wandern zur positiv geladenen Elektrode (Anode) und geben dort ihre überschüssigen Elektronen ab: Sie werden oxidiert.

BEISPIEL Elektrolyse einer Natriumchlorid-Schmelze

Kathode: Die Na^+-Ionen werden zu metallischem Natrium reduziert: $Na^+ + e^- \rightarrow Na$.
Anode: Die Cl^--Ionen werden zu elementarem Chlor oxidiert: $Cl^- \rightarrow Cl + e^-$.
Da Chlor nur als zweiatomige Moleküle vorkommt, muss man die Stoffbilanz ausgleichen.
Zusammengefasst lautet die Gleichung dann: $2\ NaCl \rightarrow 2\ Na + Cl_2$.
Das ist genau die Umkehrung der Bildung von NaCl aus den Elementen (siehe Kapitel 5.1).

DAS MUSST DU WISSEN Elektrolyse

Die Elektrolyse ist eine endotherme Redoxreaktion, die durch elektrische Energie hervorgerufen wird.

Die Elektrolyse einer wässrigen Salzlösung

Beim Lösen eines Salzes in Wasser wird der Zusammenhalt des Ionengitters zerstört. Die einzelnen Ionen umgeben sich mit einer Hülle aus Wassermolekülen. Auch in wässriger Lösung sind die **Ionen beweglich;** sie können zu den Elektroden wandern und werden dort reduziert bzw. oxidiert.

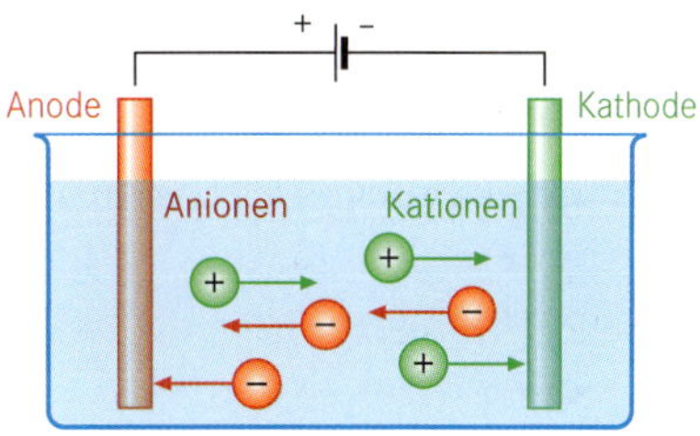

Vorgänge bei der Elektrolyse einer Salzlösung

BEISPIEL **Elektrolyse einer Kupferchlorid-Lösung**

Kathode: Die Cu^{2+}-Ionen werden zu Kupfer reduziert: $Cu^{2+}_{(aq)} + 2\ e^- \rightarrow Cu_{(s)}$.
Anode: Die Cl^--Ionen werden zu elementarem Chlor oxidiert: $2\ Cl^-_{(aq)} \rightarrow Cl_{2(g)} + 2\ e^-$.
Zusammengefasst lautet die Gleichung dann: $Cu^{2+}_{(aq)} + 2\ Cl^-_{(aq)} \rightarrow Cu_{(s)} + Cl_{2(g)}$.

Man kann diese Elektrolyse z. B. nutzen, um Kupfer aus Kupfersalz-Lösungen zurückzugewinnen oder um Gegenstände elektrolytisch zu verkupfern; diese werden dafür als Kathode geschaltet. Dieses Verfahren heißt **galvanisieren**.
Es kann bei einer Elektrolyse aber auch vorkommen, dass es Folgereaktionen gibt.

BEISPIEL **Elektrolyse einer Natriumchlorid-Lösung**

Kathode: Die Na^+-Ionen werden zu metallischem Natrium reduziert:
$Na^+_{(aq)} + e^- \rightarrow Na_{(s)}$.
Mit dem in der Lösung vorhandenen Wasser reagiert das Natrium sofort weiter:
$2\ Na_{(s)} + 2\ H_2O_{(l)} \rightarrow 2\ Na^+_{(aq)} + 2\ OH^-_{(aq)} + H_{2(g)}$.
Anode: Die Cl^--Ionen werden zu elementarem gasförmigem Chlor oxidiert:
$2\ Cl^-_{(aq)} \rightarrow Cl_{2(g)} + 2\ e^-$.
Zusammengefasst lautet die Gleichung dann:
$2\ NaCl_{(aq)} + 2\ H_2O \rightarrow 2\ NaOH_{(aq)} + Cl_{2(g)} + H_{2(g)}$.
Bei der Elektrolyse einer wässrigen NaCl-Lösung entstehen also Wasserstoffgas an der Kathode und Chlorgas an der Anode; außerdem wird die Lösung in der Umgebung der Kathode alkalisch, da durch die Folgereaktion OH^--Ionen entstehen (siehe Kapitel 6.6).

1 Eine Magnesiumbromid-Schmelze ($MgBr_2$) wird elektrolysiert.

a) Formuliere Kathoden- und Anodenreaktion getrennt.
b) Formuliere eine Gesamtgleichung.
c) Kennzeichne in der Gesamtgleichung Oxidation und Reduktion als Elektronenübergänge und benenne Elektronen-Donator und -Akzeptor.
d) Welche Beobachtungen wird man bei der Elektrolyse machen können?

Hinweise: $MgBr_2$ ist farblos, hat eine Schmelztemperatur von 711 °C und eine Dichte von 3,7 g/cm³; Magnesium ist ein silbrigweißes Metall mit einer Schmelztemperatur von 650 °C und einer Dichte von 1,9 g/cm³; Brom ist braun gefärbt und hat eine Siedetemperatur von 59 °C.

2 Hochwertige Federn für Füllhalter werden durch Elektrolyse vergoldet. Welche Elektrode bildet die Feder?

5.5 Batterien und Akkus: Redoxreaktionen auf Umwegen

Wenn man bei einer Redoxreaktion Oxidation und Reduktion räumlich voneinander trennt und die übertragenen Elektronen zwingt, durch einen metallischen Leiter zu wandern, kann man sie für sich arbeiten lassen.

BEISPIEL **Der Zinkiodid-Akkumulator: Ein Schlüsselexperiment**

Wenn man eine farblose wässrige Zinkiodid-Lösung elektrolysiert, scheidet sich an der Kathode eine Schicht eines metallisch-grauen Feststoffs ab. An der Anode verfärbt sich die wässrige Lösung braun. Entfernt man nach einiger Zeit die Stromquelle, kann man zwischen Kathode und Anode eine elektrische Spannung messen, wobei die Polarität unverändert bleibt. Die elektrische Spannung reicht aus, um einen kleinen Elektromotor zu betreiben. Nach einiger Zeit hat sich der graue Belag an der Kathode wieder aufgelöst, die braune Farbe in der Lösung ist verschwunden und der Motor läuft nicht mehr.

Erklärung:

- In der Zinkiodid-Lösung befinden sich Zn^{2+}- und I^--Ionen. Bei der Elektrolyse – die ein *erzwungener* Vorgang ist (vgl. Kapitel 5.4) – werden diese Ionen entladen: Die Zn^{2+}-Kationen werden an der Kathode zu metallischem Zink *reduziert*, während die I^--Anionen an der Anode zu elementarem Iod *oxidiert* werden, das sich mit brauner Farbe in Wasser löst.
- Während die Bildung von ZnI_2 aus den Elementen exotherm verläuft, muss man eine entsprechende Energiemenge zur Spaltung von ZnI_2 aufwenden (endothermer Prozess). Diese Energie wird in Form von elektrischer Energie in das System hineingesteckt; nach der Elektrolyse ist sie in Form von chemischer Energie im System gespeichert.
- Wenn man Kathode und Anode nach der Elektrolyse leitend verbindet, wandern Elektronen von der Kathode zur Anode. Sie können den Elektromotor antreiben. An der Kathode werden die Elektronen durch diesen Vorgang bereitgestellt (Elektronenabgabe): $Zn \rightarrow Zn^{2+} + 2\,e^-$.
  An der Anode werden die Elektronen auf diese Weise aufgenommen (Elektronenaufnahme): $I_2 + 2\,e^- \rightarrow 2\,I^-$.
  Summe beider Vorgänge: $Zn + I_2 \rightarrow Zn^{2+} + 2\,I^-$.

Es handelt sich bei der Rückreaktion also um eine *freiwillig* ablaufende Redoxreaktion, es ist die Umkehrung der zuvor durchgeführten Elektrolyse. Die einzige Besonderheit besteht darin, dass Reduktion und Oxidation hier räumlich getrennt verlaufen.

DAS MUSST DU WISSEN — Die Energieumwandlung nutzen

Nur wenn man Reduktion und Oxidation *räumlich voneinander trennt*, kann man die Energie der übertragenen Elektronen für andere Prozesse nutzen.

In dem auf S. 73 beschriebenen Beispiel könnte man die Elektrolyse - also das *Aufladen* - und die anschließende Redoxreaktion - also das *Entladen* - im Prinzip beliebig oft hintereinander durchführen. Damit hat man einen ganz einfachen **Akkumulator** geschaffen. Für den Einsatz in der Praxis muss das System in vielerlei Hinsicht noch verbessert werden, denn hier spielen Eigenschaften wie Größe, Gewicht, Kosten und Betriebssicherheit eine ganz entscheidende Rolle. Außerdem lässt sich der ZnI_2-Akkumulator nicht sehr oft auf- und entladen, denn es laufen stets einige unerwünschte Nebenreaktionen ab.

DAS MUSST DU WISSEN — Batterien und Akkus

Batterien sind elektrochemische Energiequellen, bei denen Reduktion und Oxidation räumlich getrennt verlaufen und die übertragenen Elektronen außerhalb der Batterie genutzt werden können.
Akkumulatoren sind Batterien, die sich oft aufladen und entladen lassen, ohne dass ihr Vermögen, Energie zu speichern, nennenswert nachlässt.

DAS MUSST DU WISSEN — Das Daniell-Element

Ein anderes Beispiel für eine elektrochemische Energiequelle ist hier abgebildet. In einer **Halbzelle** dieses Gefäßes taucht ein Zinkstab in eine Zinksulfat-Lösung und in der benachbarten Halbzelle taucht ein Kupferstab in eine Kupfersulfat-Lösung. Die beiden Halbzellen sind durch eine poröse Wand voneinander getrennt, die verhindert, dass die Lösungen sich vermischen, aber die das Wandern von Ionen erlaubt.
Links: $Zn \rightarrow Zn^{2+} + 2\,e^-$;
rechts: $Cu^{2+} + 2\,e^- \rightarrow Cu$.

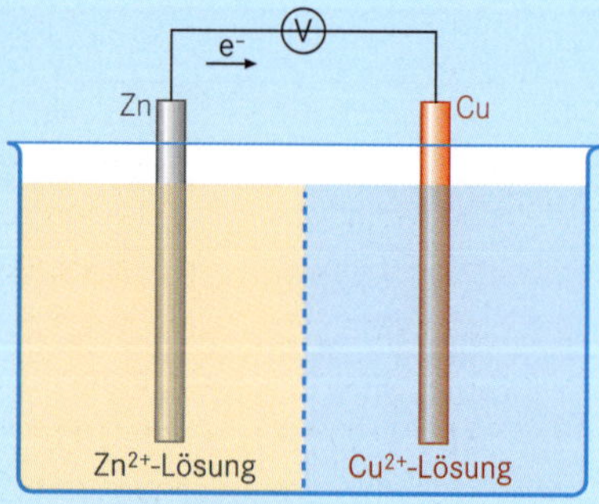

Aufbau eines Daniell-Elements (schematisch)

1 **Beschreibe die Vorgänge, die beim Entladen des gezeichneten Daniell-Elements ablaufen.**
Ordne die Begriffe Kathode und Anode den jeweiligen Metallstäben zu.
Hinweis: Verwende dazu die Redoxreihe der Metalle aus Kapitel 5.3.

2 **Die „Zitronen-Batterie“**
Ein Eisenblech und ein Kupferblech werden so in eine Zitrone gesteckt, dass sich die Metalle nicht berühren. Wenn man ein Spannungsmessgerät anschließt, kann man eine Spannung von etwa 1 V messen. Beschreibe den Stromfluss: Welches Metall gibt Elektronen ab, welches nimmt sie auf?

5.6 Die Elektronenpaarbindung

Nichtmetallatome können chemische Bindungen mit anderen Nichtmetallatomen eingehen, wobei jedes beteiligte Atom mithilfe von gemeinsam genutzten Elektronenpaaren eine Edelgaskonfiguration erreicht.
Metalle und Nichtmetalle reagieren miteinander, indem Elektronen übertragen werden und ein salzartiger Stoff mit Ionenbindung entsteht. Es gibt jedoch auch viele andere Stoffe, deren Aufbau sich mithilfe dieser Vorstellung nicht erklären lässt, z. B. die **zweiatomigen Moleküle der Elemente** Wasserstoff (H_2), Chlor (Cl_2), Sauerstoff (O_2) oder Stickstoff (N_2) oder die **einfachen chemischen Verbindungen** Wasser (H_2O), Chlorwasserstoff (HCl) oder Methan (CH_4). Alle diese Stoffe haben gemeinsam, dass sie bei Raumtemperatur gasförmig oder flüssig sind und dass sie ausschließlich aus **Nichtmetallatomen** aufgebaut sind. Was bewirkt den Zusammenhalt der Atome in diesen Stoffen?

BEISPIEL Die chemische Bindung im H_2-Molekül

Das einfachste Beispiel ist das H_2-Molekül. Jedes Wasserstoffatom besitzt ein Valenzelektron. Um eine Elektronenkonfiguration wie das benachbarte Edelgas Helium zu erreichen, müsste es ein zusätzliches Elektron aufnehmen. Sind nur Wasserstoff-Atome vorhanden, gibt es allerdings keine Atomsorte, die dieses zusätzliche Elektron zur Verfügung stellen könnte. Wenn sich zwei Wasserstoff-Atome einander nähern, kann das Elektron des einen Atoms kurzzeitig zum anderen Atom wechseln und dort dessen äußere Elektronenschale vervollständigen. Umgekehrt ist es genauso möglich. Im Mittel werden die beiden Elektronen also beiden Atomen gleichermaßen „gehören“, sie werden sich bevorzugt (aber nicht ausschließlich) im Raum zwischen den beiden Atomkernen aufhalten. Sie bilden ein sogenanntes **bindendes Elektronenpaar**, das zum Einflussbereich beider Atome gehört.

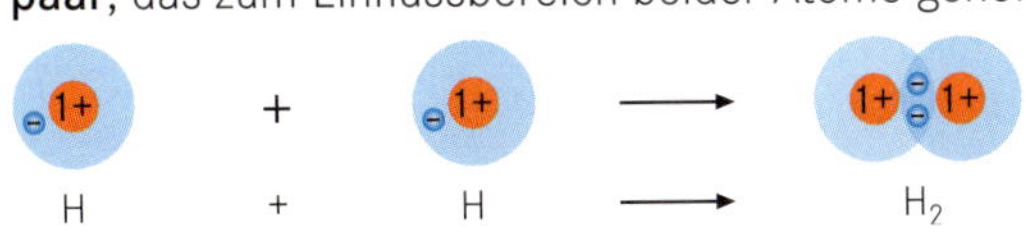

Beide Atome haben nun – zumindest zeitweise bzw. anteilig – eine voll besetzte äußere Elektronenschale, was für sie vorteilhafter ist, als nur ein einzelnes Elektron zu besitzen. Man sagt, dass die beiden Atome sich das bindende Elektronenpaar „teilen“ – oder genauer: *gemeinsam nutzen*.

Weitere zweiatomige Moleküle

Beispiel: das **F_2-Molekül**

Beim F_2-Molekül kann man sich die chemische Bindung ähnlich erklären: Jedes Fluor-Atom besitzt sieben Außenelektronen, eins fehlt noch zur günstigen Elektronenkonfiguration des benachbarten Edelgases Neon. Daher werden zwei Fluor-Atome jeweils eins ihrer sieben Außenelektronen zu einem **bindenden Elektronenpaar** beisteuern, das von beiden Atomen genutzt wird. Jeweils sechs Außenelektronen verbleiben bei jedem Fluor-Atom; sie nehmen nicht an der chemischen Bindung teil. Das sind drei Elektronenpaare pro Fluor-Atom, die man daher als **freie Elektronenpaare** bezeichnet.

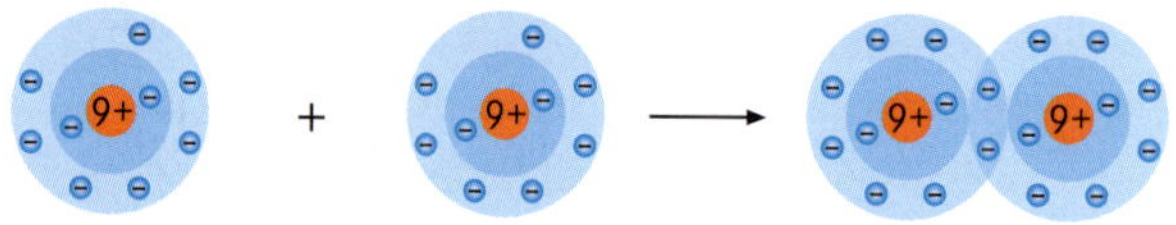

F + F → F_2

Beispiel: das **HF-Molekül**

Auch zwischen unterschiedlichen Atomen kann es zu einer Elektronenpaarbindung kommen, z. B. zwischen einem Wasserstoff- und einem Fluor-Atom. Auch hier erreichen beide Atome durch das gemeinsam genutzte Elektronenpaar eine **edelgasähnliche Elektronenkonfiguration.**

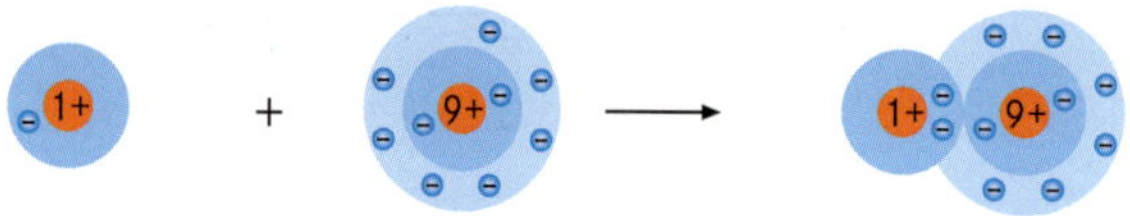

H + F → HF

DAS MUSST DU WISSEN Edelgasregel

Auch bei Verbindungen zwischen Nichtmetallen gilt die Edelgasregel (siehe Kapitel 5.1).

Lewis-Schreibweise

Es wäre sehr umständlich, immer vollständige Schalenmodelle der jeweiligen Elektronenhüllen zu zeichnen, wenn man die chemische Bindung in einem Molekül beschreiben will. Wesentlich leichter geht das mit der Elektronenpaar-Strich-Schreibweise, die nach ihrem Erfinder auch kurz als **Lewis-Schreibweise** oder **Lewis-Formel** bezeichnet wird.

DAS MUSST DU WISSEN – **Regeln für die Lewis-Schreibweise**

1. Es werden nur die Elektronen der äußersten Schale (die sogenannten Valenzelektronen) berücksichtigt.
2. Einzelne Elektronen werden durch einen Punkt neben dem Elementsymbol dargestellt, Elektronenpaare durch einen Strich.
3. Jedes Atom eines Hauptgruppenelements hat Platz für *vier* Valenzelektronenpaare um sich herum. Ausnahme: Wasserstoff und Helium haben nur Platz für *ein* Valenzelektronenpaar. Wenn man Valenzelektronen um ein Atom verteilt, müssen zuerst alle Elektronenpaar-Plätze mit einzelnen Elektronen besetzt werden, danach kann man Elektronenpaare formulieren. Begründung: Elektronen haben eine negative elektrische Ladung, sie stoßen sich daher ab. Wenn man zwei Elektronen zu einem Paar zusammenfügt, muss man diese Abstoßung überwinden, was Energie erfordert.
   Mit diesen Regeln kann man die **Valenzelektronen-Konfigurationen der Elemente** der ersten und der zweiten Periode in der Lewis-Schreibweise notieren.
   Beispiele:
   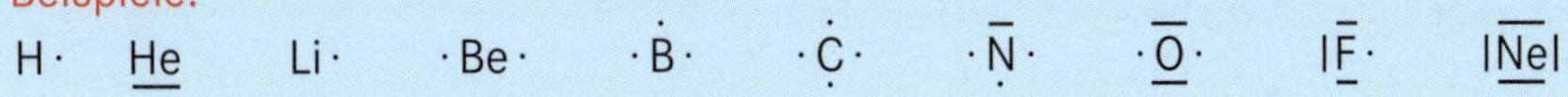

Für **chemische Verbindungen** gilt zusätzlich:

4. Zu einem bindenden Elektronenpaar steuert jedes beteiligte Atom ein ungepaartes Valenzelektron bei. Bindende Elektronenpaare werden durch einen Strich dargestellt, der die beiden Elementsymbole miteinander verbindet.
5. Freie Elektronenpaare können nicht für chemische Bindungen genutzt werden.

Auf diese Weise kann man die Lewis-Formeln von chemischen Verbindungen aus den Lewis-Formeln der Atome herleiten. Die auf S. 75 und 76 beschriebenen Beispiele sehen in der Lewis-Schreibweise so aus:

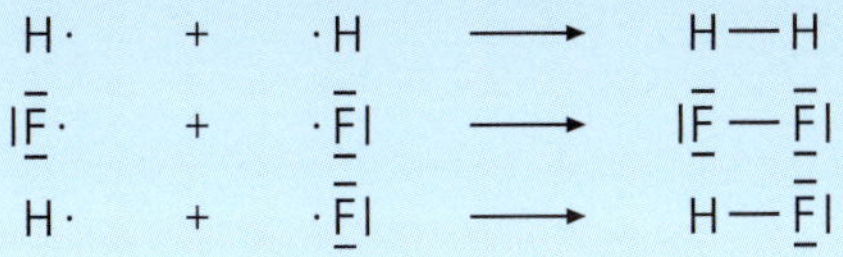

Tipp: Jedes ungepaarte Elektron eines Atoms ist also eine mögliche „Verknüpfungsstelle" und kann für eine chemische Bindung genutzt werden. Diese Sichtweise hilft, wenn man kompliziertere Moleküle erklären möchte.

Drei- und mehratomige Moleküle

Beispiel: das **H_2O-Molekül**

Wenn sich ein Wasserstoff- und ein Sauerstoff-Atom miteinander verbinden, muss berücksichtigt werden, dass dem Sauerstoff-Atom mit seinen sechs Außenelektronen noch *zwei* Elektronen fehlen, um die Edelgasregel zu erfüllen. Daher muss das Sauerstoff-Atom *zwei* Elektronenpaarbindungen eingehen. Dafür benötigt es *zwei* Wasserstoff-Atome, die jeweils ein Elektron beisteuern können. Die Formel des Moleküls ist also OH_2; man schreibt sie üblicherweise umgekehrt als H_2O. In der Lewis-Schreibweise kann man das so darstellen:

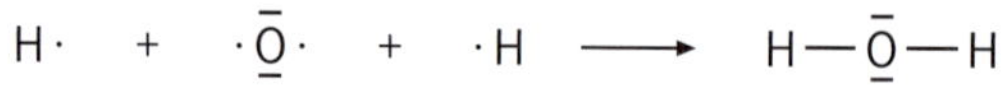

Beispiel: das **NH_3-Molekül**

Ganz ähnliche Überlegungen kann man anstellen, wenn sich Stickstoff und Wasserstoff verbinden. Dem Stickstoff-Atom mit fünf Außenelektronen fehlen *drei* Elektronen zur Elektronenkonfiguration des nächsten Edelgases Neon, folglich muss es *drei* Elektronenpaarbindungen mit *drei* Wasserstoff-Atomen eingehen. Die einfachste Stickstoff-Wasserstoff-Verbindung muss also die Formel NH_3 haben.

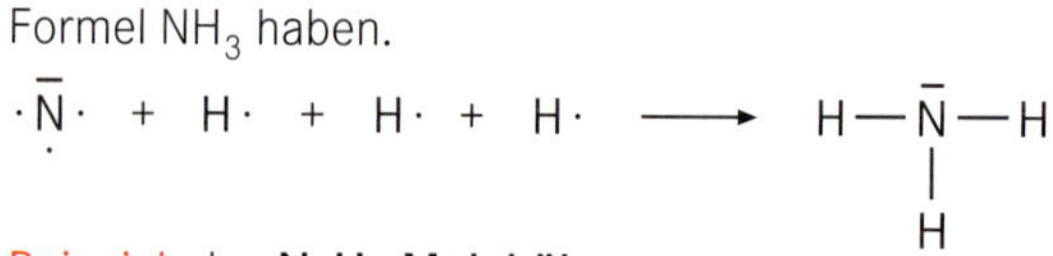

Beispiel: das **N_2H_4-Molekül**

Eine andere Möglichkeit, die Elemente Stickstoff und Wasserstoff zu einem „chemisch sinnvollen“ Molekül zu verbinden, ist mit der Formel N_2H_4 beschrieben. Ob bei einer chemischen Reaktion NH_3 oder N_2H_4 entstehen, hängt von den Reaktionsbedingungen ab, wie z. B. Druck, Temperatur, Art und Menge der beteiligten Stoffe.

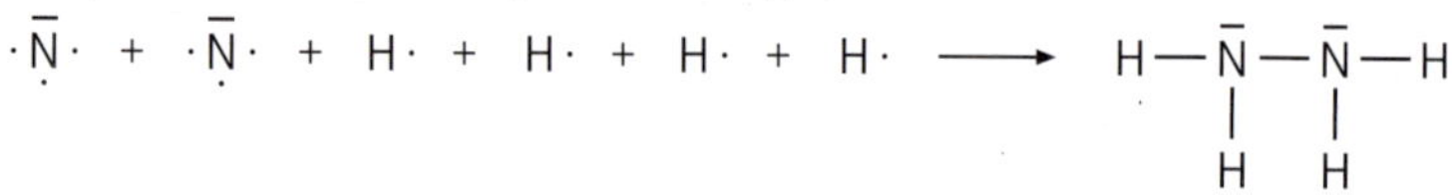

DAS MUSST DU WISSEN – **Lewis-Formel stabiler Moleküle**

In der Lewis-Formel eines stabilen Moleküls gibt es keine ungepaarten Elektronen und alle Atome erfüllen die Edelgasregel.

Mehrfachbindungen

Es kann vorkommen, dass zwischen zwei Atomen mehr als eine Elektronenpaarbindung gebildet wird.

Beispiele:

- elementarer Sauerstoff (O_2) mit einer Doppelbindung: 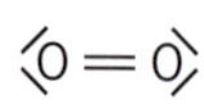
- elementarer Stickstoff (N_2) mit einer Dreifachbindung: 

DAS MUSST DU WISSEN – **Doppel- und Dreifachbindung**

Doppel- und Dreifachbindungen können zwischen Atomen von Elementen der zweiten Periode auftreten. Sie sind stabiler und kürzer als Einfachbindungen.

Dies erklärt auch die große Stabilität und die damit einhergehende Reaktionsträgheit von elementarem Stickstoff.

1 **Notiere die Valenzelektronen-Konfigurationen der Elemente der 3. Periode in der Lewis-Schreibweise.**

2 **Beschreibe die Bildung von H_2S, PH_3 und CH_4 aus den Elementen mithilfe von Lewis-Formeln.**

3 **Zeichne die Lewis-Formeln von**

a) CH_4, C_2H_6, C_3H_8 b) CO_2, H_2CO, HCN c) C_2H_6, C_2H_4, C_2H_2
d) H_2O_2, N_2H_2, C_2H_2 e) O, O^{2-}, O_2, $[O_2]^{2-}$
Beschreibe dabei jeweils Gemeinsamkeiten und Unterschiede innerhalb einer Gruppe.

5.7 Die räumliche Gestalt von Molekülen

Die Lewis-Formeln sagen etwas aus über die Verteilung der Elektronen in einem Molekül. Sie enthalten aber so gut wie keine Informationen darüber, wie die Atome im Raum angeordnet sind (die Molekülstruktur). Mithilfe einer einfachen Modellvorstellung kann man Molekülstrukturen beschreiben, erklären und sogar vorhersagen.

Einfache Molekülstrukturen

Alle bisher gezeichneten Formeln haben eines gemeinsam: Sie sind zweidimensional, gleichsam in die Papierebene plattgedrückt. „Richtige" Moleküle sind aber räumliche, dreidimensionale Objekte. Von Ionengittern ist es bereits bekannt: Die Ionen ordnen sich nach dem Prinzip der optimalen Raumerfüllung an, wobei immer nur ungleichartig geladene Ionen benachbart sein dürfen, denn über allem stehen die Gesetze der elektrostatischen Anziehung und Abstoßung. *Nach welchen Gesetzmäßigkeiten ordnen sich aber Atome in einem Molekül an, das durch Elektronenpaarbindungen gebildet wird?*
Wir wissen bereits, dass ein Hauptgruppenelement-Atom (außer H und He) um sich herum Platz für vier **Valenzelektronenpaare** hat. Diese werden sich – wiederum nach den Gesetzen der Elektrostatik – **gegenseitig abstoßen,** sie wollen also so weit wie möglich voneinander entfernt sein.
Modellversuch: Was dabei für eine Anordnung herauskommt, zeigt ein Modellversuch mit Luftballons: Knotet man vier aufgeblasene, gleich große Luftballons zusammen, ergibt sich immer die in der linken Abbildung (siehe S. 80) gezeigte Anordnung. Dabei zeigen die Ballons in die Ecken eines (gedachten) Tetraeders. Ein **Tetraeder** ist in der rechten Abbildung dargestellt: Es ist ein geometrischer Körper, der von vier gleichseitigen Dreiecken begrenzt wird; er hat vier Ecken und sechs Kanten. In der Mitte sind die beiden Abbildungen überlagert.

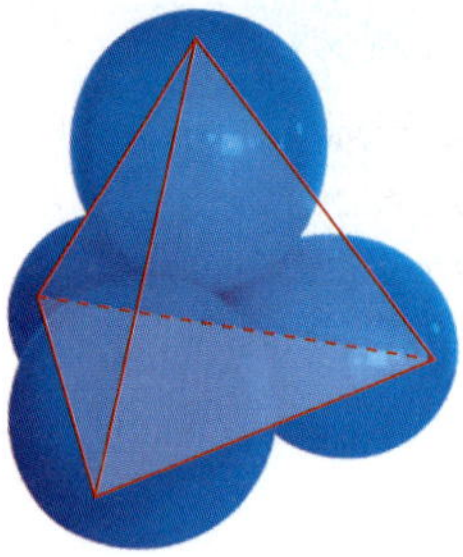

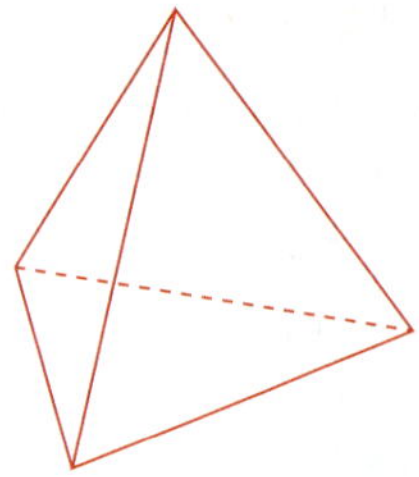

DAS MUSST DU WISSEN **Anordnung von Elektronenpaaren**

Elektronenpaare ordnen sich so an, dass sie den **größtmöglichen Abstand** voneinander einnehmen.

Ob es sich bei den Elektronenpaaren um bindende oder um freie Elektronenpaare handelt, ist für diese Überlegungen zunächst egal.

Beispiele:

- ▷ Die vier freien Elektronenpaare eines Neon-Atoms werden ebenso in die Ecken eines Tetraeders zeigen wie die vier C–H-Bindungen eines CH_4-Moleküls.
  Aus Symmetriegründen sind dabei jeweils alle *Elektronenpaare gleichwertig*, sie sind ununterscheidbar.
- ▷ Ebenso werden bei den Molekülen HF, H_2O und NH_3 die Elektronenpaare - sowohl bindende als auch freie - in die Ecken eines Tetraeders zeigen.

In der Abbildung unten sind die Beispiele dargestellt.

Achtung: Man muss genau unterscheiden zwischen denjenigen Linien, die *chemische Bindungen darstellen* (hier *schwarz* gezeichnet), und denjenigen Linien, die Begrenzungslinien des Tetraeders darstellen und folglich nur Hilfslinien sind (rot dargestellt).

Chemische Bindungen, die aus der Papierebene nach vorne zeigen, werden hier durch einen Keil (▶) dargestellt, nach hinten zeigende Bindungen sind schraffiert (IIII).

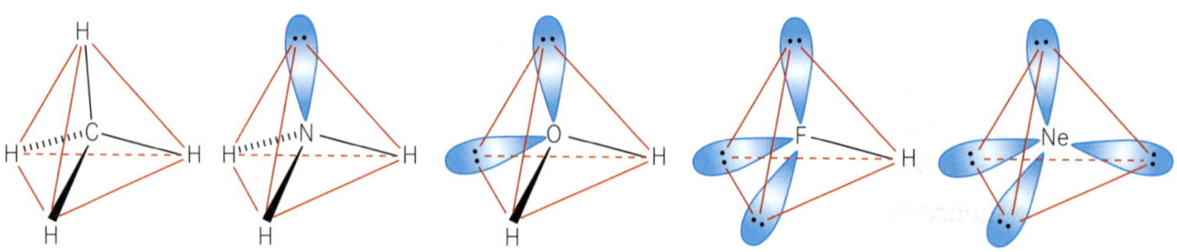

DAS MUSST DU WISSEN Das VEPA-Konzept

Wenn man in der Reihe CH_4, NH_3, H_2O und HF untersucht, welche Anordnung die Atome innerhalb des Moleküls haben, sieht man, dass sich alle Strukturen von der Grundform des Tetraeders ableiten, aber bei weniger als vier Wasserstoffatomen sozusagen nur noch „verstümmelte“ Tetraeder sind.
Hinweis: Auf die Darstellung der Tetraeder-Hilfslinien wurde in der folgenden Tabelle bewusst verzichtet.

Formel	CH_4	NH_3	H_2O	HF
bindende Elektronenpaare	4	3	2	1
freie Elektronenpaare	0	1	2	3
Darstellung	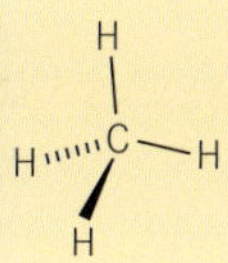	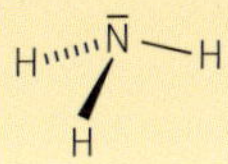	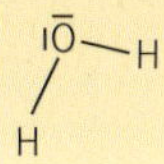	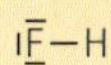
Struktur	tetraedrisch	pyramidal	gewinkelt	linear

Auch die Strukturen komplizierterer Moleküle kann man mit entsprechenden Überlegungen herleiten.

Beispiel: **CH_4O (Methanol)**

- ▷ Zunächst ermittelt man mit den Lewis-Formeln das **Verknüpfungsmuster** der Atome, hier gibt es nur eine vernünftige Lösung:

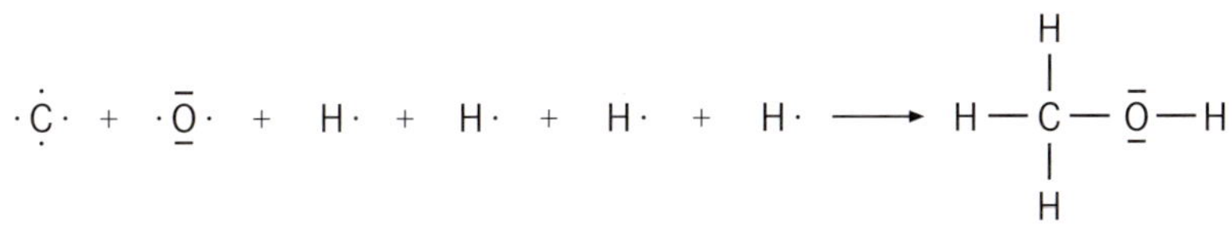

- ▷ Zur Beschreibung der **Molekülstruktur** betrachtet man zuerst das *Kohlenstoff-Atom*. Von ihm gehen vier Bindungen aus, die in die Ecken eines Tetraeders gerichtet sind, davon drei zu Wasserstoff-Atomen und eine zum Sauerstoff-Atom.
- ▷ Am *Sauerstoff-Atom* befinden sich außer der Bindung zum Kohlenstoff-Atom noch eine Bindung zu einem Wasserstoff-Atom und zwei freie Elektronenpaare. Die beiden Bindungen am Sauerstoff-Atom haben – ganz genau wie beim Wasser-Molekül – eine gewinkelte Anordnung, es gibt keine andere Möglichkeit. Insgesamt ist die Molekülstruktur also etwa so wie rechts dargestellt.

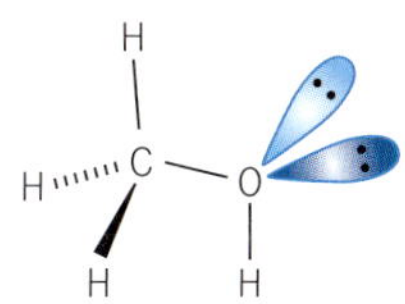

Einfachbindungen zwischen Atomen mit tetraedrischer Umgebung kann man also als Eckenverknüpfung von Tetraedern beschreiben. Hat man es mit Doppelbindungen zu tun, haben die betreffenden Tetraeder eine gemeinsame Kante, bei Dreifachbindungen eine gemeinsame Fläche:

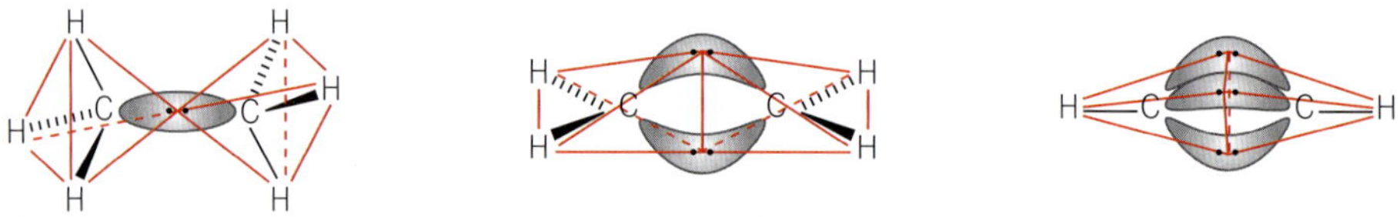

Man erkennt, dass die Abstände der Atome von der Einfach- über die Doppel- bis zur Dreifachbindung immer kleiner werden (müssen).

DAS MUSST DU WISSEN **VEPA-Modell**

Die hier beschriebenen Zusammenhänge bezeichnet man als **V**alenz**e**lektronen**pa**ar-**A**bstoßungs-Modell (VEPA-Modell).

1. **Beschreibe die Molekülgeometrien von H_2S, PH_3 und SiH_4 mithilfe des VEPA-Modells.**

2. **Beschreibe die Molekülgeometrien von H_2O_2, N_2H_2 und C_2H_2 mithilfe des VEPA-Modells. Wie wird sich die Länge der mittleren Bindung in dieser Reihe verändern?**

3. **Sind die drei Atome im Kohlenstoffdioxid, CO_2, linear oder gewinkelt angeordnet?**

5.8 Unpolare und polare Elektronenpaarbindungen, Elektronegativität, Dipol-Moleküle

Es ist sinnvoll, zwischen unpolaren und polaren Elektronenpaarbindungen zu unterscheiden, denn hieraus ergeben sich verschiedene Stoffeigenschaften.

Was bedeutet polar?

Es ist das Wesen der Elektronenpaarbindung, dass Elektronen von zwei Atomen gemeinsam genutzt werden (und *nicht*, wie bei der Ionenbindung, von einem auf das andere Atom vollständig übertragen werden). Aber nur wenn **zwei gleichartige Atome** eine solche Bindung miteinander eingehen, sind die bindenden Elektronen auch wirklich ganz gleichmäßig verteilt. Beispiel: Im **H_2-Molekül** ist dies der Fall.

Wenn **zwei verschiedenartige Atome** miteinander verbunden sind, wird es vorkommen, dass eines der beiden das gemeinsame Elektronenpaar stärker zu sich hinzieht als das andere. An demjenigen Atom, das stärker zieht, wird ein **kleiner negativer Ladungsüberschuss** entstehen, da sich die gemeinsamen Elektronen im Mittel dort etwas mehr aufhalten als am anderen Atom, an dem folglich eine **positive Teilladung** entsteht.

Beispiele: **HCl, H_2O**

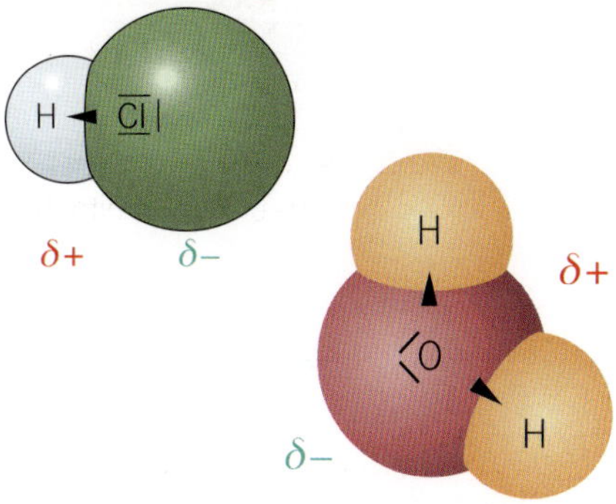

Man bezeichnet diese Teilladungen mit den Symbolen δ- und δ+. Das δ (griechisch: delta) deutet an, dass es sich nicht um ganzzahlige Ladungen handelt, sondern nur um Bruchteile davon. Man hat es hier also *nicht* mit Ionen zu tun! Eine solche Bindung mit ungleichmäßiger Ladungsverteilung wird als **polare Bindung** bezeichnet. Die Keile (►) in der Abbildung deuten hier an, zu welchem Atom die Bindungselektronen stärker hingezogen sind. Kann man diese „Anziehungskraft für Elektronen" in Zahlen ausdrücken?

DAS MUSST DU WISSEN — **Elektronegativität**

Die Elektronegativität (EN) ist ein Maß dafür, wie stark ein Atom Elektronen anzieht. Innerhalb des Periodensystems nimmt die EN von unten nach oben und von links nach rechts zu. Die größte EN (Wert: 4,0) aller Elemente hat Fluor, die geringste hat Caesium (Wert: 0,7). Den Edelgasen kann keine EN zugeordnet werden.

Beispiele:

Halogene als Elemente der 7. Hauptgruppe benötigen nur noch ein Elektron, um eine Edelgaskonfiguration zu erlangen. Folglich werden sie ein zusätzliches Elektron begierig aufnehmen, jedoch eines ihrer bereits vorhandenen Elektronen nur sehr ungern abgeben. Sie haben also alle eine vergleichsweise hohe EN; innerhalb der Halogene ist diese beim Fluor am allergrößten, beim Iod am geringsten (Astat lassen wir außen vor, da es in der Chemie praktisch keine Rolle spielt).

Alkalimetalle als Elemente der 1. Hauptgruppe müssen ein Elektron abgeben, um eine Edelgaskonfiguration zu erlangen. Folglich werden sie ihr Valenzelektron sehr bereitwillig abgeben, aber ein zusätzliches Elektron nur äußerst ungern aufnehmen. Sie haben also alle eine vergleichsweise niedrige EN; innerhalb der Alkalimetalle ist diese beim Caesium am allergeringsten, da dort die positive Ladung des Atomkerns noch durch fünf innere Elektronenschalen abgeschirmt wird und das eine äußere Elektron nur sehr schwach angezogen wird (Francium lassen wir außen vor, da es in der Chemie praktisch keine Rolle spielt).

Die Elektronegativitäten der Elemente sind tabelliert, sie nehmen Werte zwischen 0,7 und 4,0 an.

Wenn sich die EN-Werte von zwei Atomen um mehr als etwa 1,7 Einheiten unterscheiden (**ΔEN ≥ ca. 1,7;** das Delta Δ steht für „Differenz"), wird es das Atom mit der höheren EN schaffen, dem anderen Atom eines (oder mehrere) Elektronen vollständig zu entreißen. Es entsteht eine **Ionenbindung.** Ist der Unterschied der EN-Werte **geringer als 1,7,** kommt eine **Elektronenpaarbindung** zustande. Wenn der Unterschied geringer als 0,5 Einheiten ist, sind die bindenden Elektronen gleichmäßig zwischen den beiden Atomkernen verteilt: Die Elektronenpaarbindung ist unpolar. Ist der Unterschied aber größer als 0,5 Einheiten **(0,5 < ΔEN < ca. 1,7),** so resultiert eine polare Elektronenpaarbindung mit einer ungleichmäßigen Verteilung der Bindungselektronen.

H 2,1							**He** -
Li 1,0	**Be** 1,5	**B** 2,0	**C** 2,5	**N** 3,0	**O** 3,5	**F** 4,0	**Ne** -
Na 0,9	**Mg** 1,2	**Al** 1,2	**Si** 1,8	**P** 2,1	**S** 2,5	**Cl** 3,0	**Ar** -
K 0,8	**Ca** 1,0	**Ga** 1,6	**Ge** 1,8	**As** 2,0	**Se** 2,4	**Br** 2,8	**Kr** -
Rb 0,8	**Sr** 1,0	**In** 1,7	**Sn** 1,8	**Sb** 1,9	**Te** 2,1	**I** 2,5	**Xe** -
Cs 0,7	**Ba** 0,9	**Ti** 1,8	**Pb** 1,8	**Bi** 1,9	**Po** 2,0	**At** 2,2	**Rn** -
Fr 0,7	**Ra** 0,9						

Elektronegativität der Elemente

DAS MUSST DU WISSEN **ΔEN-Werte und chemische Bindung**

0 ≤ ΔEN < ca. 1,7	Elektronenpaarbindung, dabei	
	0 ≤ ΔEN ≤ 0,5	unpolare Elektronenpaarbindung
	0,5 < ΔEN < ca. 1,7	polare Elektronenpaarbindung
ca. 1,7 ≤ ΔEN	Ionenbindung	

Hinweis: Die Grenze von 1,7 ist nicht starr: Es gibt *schon* Ionenverbindungen mit einem ΔEN von 1,7 und *noch* Elektronenpaarbindungen bei einem ΔEN von 1,9. Zeigt der betreffende Stoff aber typische salzartige Eigenschaften, liegt *schon* eine Ionenverbindung vor.

1 **Was besagt die Größe Elektronegativität?**

2 **Kohlenstoff hat eine Elektronegativität von 2,5, also im mittleren Bereich. Leite aus dieser Information Vorhersagen über sein chemisches Verhalten ab.**

3 **Warum hat es keinen Sinn, den Edelgasen Elektronegativitätswerte zuzuordnen?**

Dipol-Moleküle

Polare Bindungen führen dazu, dass in einem Molekül Bereiche mit positivem und Bereiche mit negativem Ladungsüberschuss existieren.

Beispiele: **HCl, H_2O und CO_2**

Die Schwerpunkte der Ladungen in diesen Molekülen sind in der folgenden Abbildung skizziert.

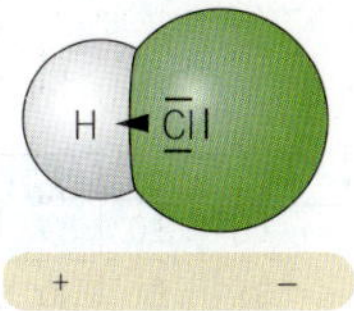

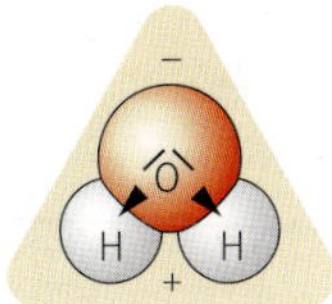

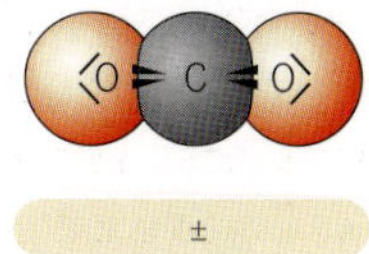

Wie werden sich diese Moleküle verhalten, wenn sich ihnen ein elektrisch geladenes Teilchen nähert?

Beispiel: **HCl-Moleküle**

Wenn beispielsweise eine positive Ladung in der Nähe ist, werden sich HCl-Moleküle so drehen, dass sie ihre negative Seite - also die Chlor-Atome - der positiven Ladung zuwenden. Sie benehmen sich also ganz ähnlich wie eine Kompassnadel in der Nähe eines Magneten. Ist eine negative Ladung in der Nähe, drehen sich die Moleküle genau anders herum. **HCl-Moleküle sind also Dipol-Moleküle.**

DAS MUSST DU WISSEN | **Ladungsschwerpunkte in Dipol-Molekülen**

In Dipol-Molekülen fallen die Schwerpunkte der positiven und der negativen Ladungen nicht aufeinander.

Beispiel: **H_2O-Moleküle**

Bei Wassermolekülen ist es ähnlich wie beim HCl: Am Sauerstoff-Atom liegt der Schwerpunkt der negativen Ladung, während die Wasserstoff-Atome positive Teilladungen haben. Überlagert man beide, kommt der Mittelpunkt der positiven Ladung zwischen den beiden Wasserstoff-Atomen zu liegen. **Das Wassermolekül ist insgesamt ebenfalls ein Dipol-Molekül.** Man sieht das, wenn man einen elektrisch geladenen Körper in die Nähe eines dünnen Wasserstrahls bringt: Der Wasserstrahl wird abgelenkt, weil sich jedes einzelne Wassermolekül zu dieser äußeren Ladung hin dreht. Dabei ist es egal, ob der Körper positiv oder negativ geladen ist, das Bild a) ist in beiden Fällen gleich.

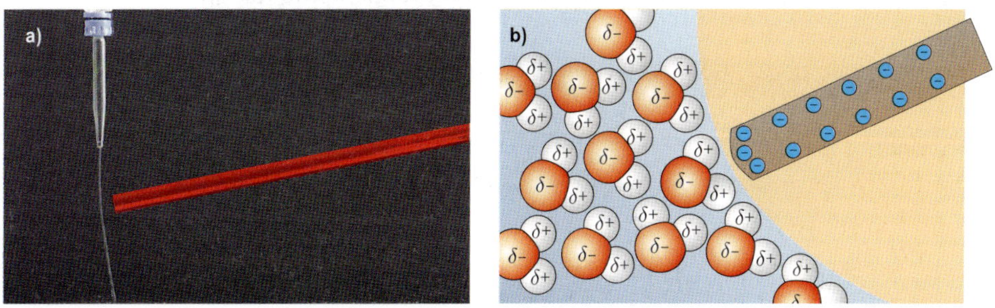

Ablenkung eines Wasserstrahls durch einen elektrisch geladenen Stab. a) Experiment
b) Erklärung durch die ungleichmäßige Ladungsverteilung in den Wassermolekülen

Beispiel: **CO_2-Moleküle**
Beim CO_2 ist es anders: Jede C-O-Bindung ist für sich zwar polar, da Sauerstoff eine deutlich höhere EN als Kohlenstoff hat. Da das Molekül aber **linear** ist, heben sich die Effekte gegenseitig auf: Das eine Sauerstoff-Atom zieht Elektronen zu sich hin, das andere zieht jedoch ebenso stark in die entgegengesetzte Richtung. Der Schwerpunkt der positiven Ladung liegt im Kohlenstoff-Atom, und der Schwerpunkt der negativen Ladung liegt ebenfalls dort. **Das Molekül als Ganzes erscheint unpolar,** obwohl jede Bindung für sich polar ist.

DAS MUSST DU WISSEN | **Molekülstruktur von Dipol-Molekülen**

Nur wenn ein Molekül polare Bindungen enthält, kann es ein Dipol-Molekül sein. Aber ob es tatsächlich eines ist, kann man erst nach einem Blick auf seine Molekülstruktur entscheiden.

4 **Entscheide, ob es Dipol-Moleküle sind: HCl, CH_4, CF_4, NH_3.**

5.9 Kräfte zwischen Molekülen

Viele Stoffeigenschaften - wie z. B. Schmelz- und Siedetemperatur - werden unmittelbar davon beeinflusst, wie stark sich die Moleküle gegenseitig anziehen, d. h., wie fest sie zusammenhalten. Wenn man weiß, worauf diese Anziehungskräfte zurückzuführen sind, kann man solche Stoffeigenschaften auch für unbekannte Stoffe vorhersagen.

Was haben Kräfte zwischen Molekülen mit Stoffeigenschaften zu tun?

Stoffe, deren Moleküle sich gegenseitig stark anziehen, werden eine vergleichsweise hohe Schmelztemperatur haben, denn es ist viel Energie erforderlich, die Ordnung des festen Zustandes zu zerstören. Ebenso wird die Siedetemperatur hoch sein, denn es ist wiederum viel Energie erforderlich, um ein Molekül aus dem Molekülverband im flüssigen Zustand herauszulösen und in den gasförmigen Zustand zu bringen.
Entsprechende Überlegungen kann man anstellen, wenn man die Löslichkeit betrachtet:

DAS MUSST DU WISSEN | **Ähnliches löst sich in Ähnlichem**

- Polare Lösungsmittel lösen polare Stoffe und Ionenverbindungen gut.
- Unpolare Lösungsmittel lösen unpolare Stoffe gut.

Van-der-Waals-Kräfte

Nähern sich zwei unpolare Moleküle einander an, gibt es keine elektrischen Ladungen, die sich gegenseitig anziehen könnten - es sei denn, in einem Molekül sind aufgrund der dauernden regellosen Bewegung der Elektronen die Ladungen zufällig gerade einmal etwas ungleichmäßig verteilt und ein **spontaner Dipol** bildet sich. Dann kann das andere Molekül darauf reagieren, indem seine Elektronenverteilung ebenfalls ungleichmäßig wird **(induzierter Dipol)**. Als Folge davon können sich die beiden Moleküle gegenseitig anziehen - aber nur einen kurzen Augenblick lang, denn unmittelbar darauf werden die beschriebenen kurzzeitigen Dipole wieder verschwunden sein.

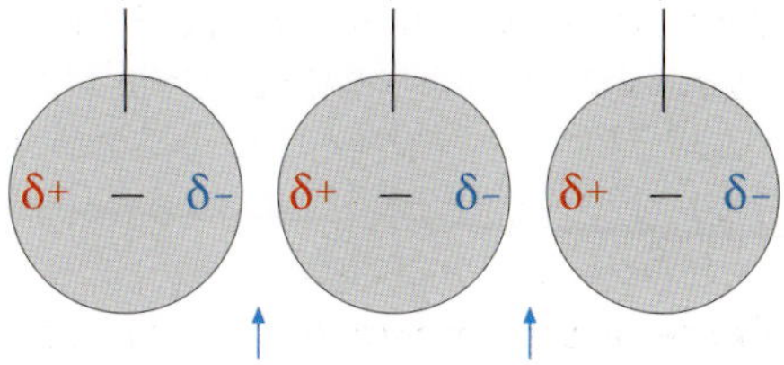

Modellhafte Darstellung der Ursache von Van-der-Waals-Kräften

Solche Anziehungskräfte werden nach ihrem Entdecker als Van-der-Waals-Kräfte bezeichnet, sie sind die schwächsten von allen Kräften zwischen Molekülen. Je elektronenreicher ein Molekül ist, desto besser können sich Van-der-Waals-Kräfte ausbilden.

DAS MUSST DU WISSEN | **Van-der-Waals-Kräfte**

Van-der-Waals-Kräfte lassen sich nur bei *unpolaren* Stoffen beobachten. Solche Stoffe haben ausgesprochen *niedrige Schmelz- und Siedetemperaturen*.

Dipolare Kräfte

In Dipol-Molekülen gibt es eine *permanente Ladungstrennung*. Daher können sich zwei Dipol-Moleküle gegenseitig anziehen, indem sich das positiv geladene Ende des einen Moleküls dem negativ geladenen Ende des benachbarten Moleküls annähert. Zwischen den beiden unterschiedlich geladenen Molekülteilen gibt es dauerhafte elektrostatische Anziehungskräfte. Daher sind dipolare Kräfte stärker als Van-der-Waals-Kräfte.

Wasserstoffbrücken

Eine besonders starke Art von *dipolaren Kräften* sind die sogenannten Wasserstoffbrücken (H-Brücken). Sie werden manchmal auch Wasserstoffbrückenbindungen genannt, obwohl es *keine* vollwertigen chemischen Bindungen sind. Ihre Stärke beträgt bis zu 10 % der Stärke einer typischen Elektronenpaarbindung.

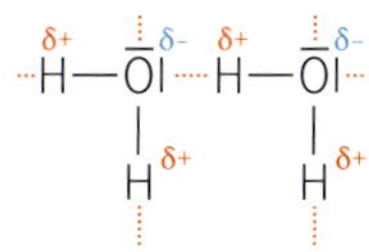
Wasserstoffbrücken in der Lewis Schreibweise

Voraussetzungen für das Zustandekommen von H-Brücken sind O-H-, N-H-, Cl-H- oder F-H-Gruppen, in denen das *Wasserstoff-Atom eine positive Teilladung* trägt. Außerdem muss es Atome mit *freien Elektronenpaaren* geben, an denen sich die Wasserstoffatome anlagern können (das ist in den oben genannten Gruppen stets der Fall). Wasserstoffbrücken sind die stärksten zwischenmolekularen Kräfte.

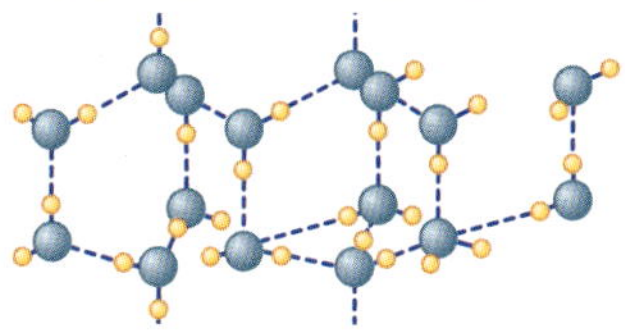
Wasserstoffbrücken im Modell

TIPPS UND INFOS | Vorhersage von Stoffeigenschaften ...

... anhand zwischenmolekularer Kräfte

Man überprüft das Vorhandensein von zwischenmolekularen Kräften am besten von stark nach schwach.

- Zuerst prüft man also, ob von einem gegebenen Molekül H-Brücken gebildet werden können. Ist das der Fall, werden diese die Stoffeigenschaften prägen: hohe Siede- und Schmelztemperatur sowie gute Löslichkeit in Wasser.
- Falls nicht, prüft man, ob die Molekülstruktur die Voraussetzungen für dipolare Kräfte erfüllt. Falls dies bejaht wird, werden Siede- und Schmelztemperatur im mittleren Bereich liegen und der Stoff wird mäßig bis ziemlich gut in Wasser löslich sein.
- Falls nicht, kommen nur noch Van-der-Waals-Kräfte infrage. Diese bewirken eine niedrige Siede- und Schmelztemperatur sowie eine Wasserunlöslichkeit; der betreffende Stoff wird viel besser in unpolaren Lösungsmitteln wie z. B. Benzin löslich sein.

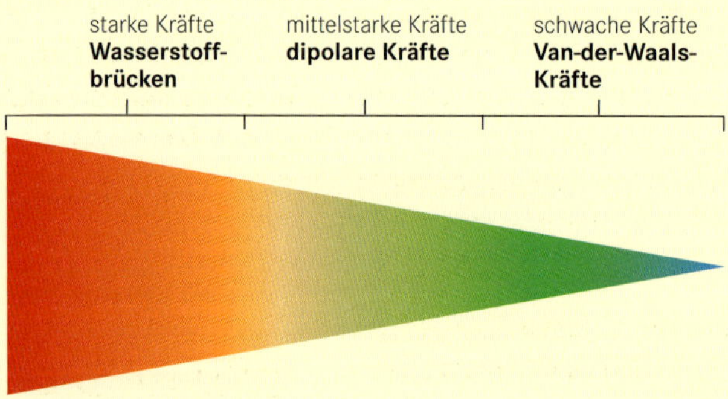

1 **Ordne nach steigender Siedetemperatur: HCl, H_2O, SiH_4.**

2 **Erkläre die abgebildeten Diagramme.**

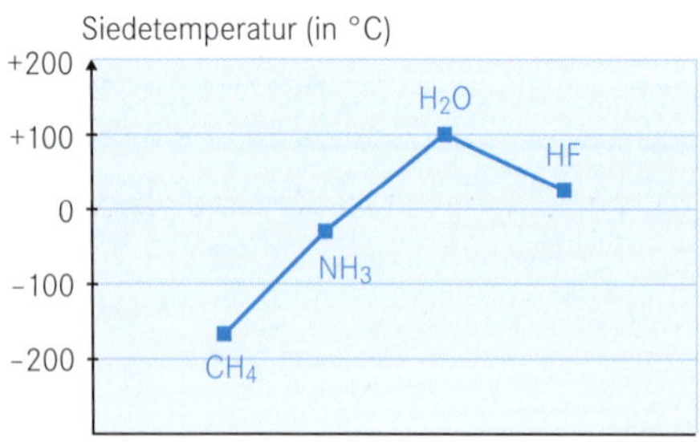

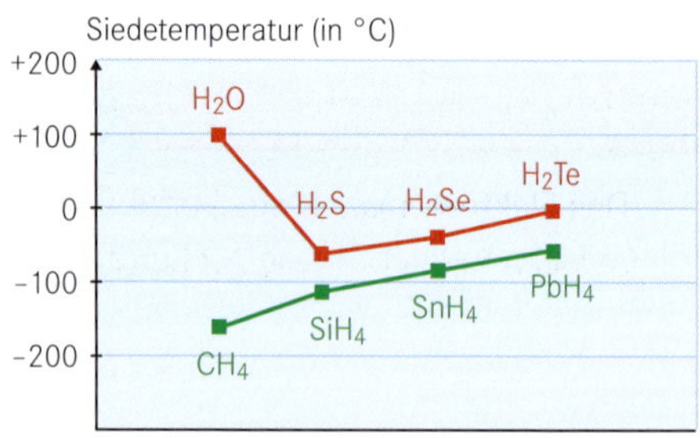

5.10 Die Metallbindung

In Metallen finden wir eine dritte Art der chemischen Bindung, die weder der Elektronenpaarbindung noch der Ionenbindung ähnelt. Auf ihrer Grundlage lassen sich die typischen Stoffeigenschaften der Metalle verstehen.

Metallatome verbinden sich: Das Elektronengas-Modell

In reinen Metallen wie auch in Legierungen (diese bestehen aus mindestens zwei verschiedenen Metallen) muss es Kräfte geben, die die Metallatome zusammenhalten – gäbe es diese nicht, wären die Metalle gasförmig wie die Edelgase. Die allermeisten Metalle bis auf Quecksilber sind aber Feststoffe mit z. T. sehr hohen Schmelztemperaturen. *Was genau hält die Atome in ihnen zusammen?*

Bei einer *Ionenbindung* müssen die beiden Bindungspartner einen großen Unterschied der Elektronegativität (EN) aufweisen – das wird bei einem reinen Metall oder einer Legierung nicht vorkommen, da sich die EN-Werte der Metalle in dem relativ engen Bereich von 0,7 bis 1,9 bewegen, der größtmögliche Unterschied beträgt also 1,2 Einheiten. Eine Ionenbindung scheidet damit aus. Eine *Elektronenpaarbindung* kommt ebenfalls nicht infrage: Der EN-Unterschied wäre zwar klein genug; allerdings werden für eine Elektronenpaarbindung zwei Atome benötigt, die beide nur noch wenige Elektronen zur Ausbildung einer vollen äußeren Schale benötigen und die diese Elektronen relativ stark anziehen (also eine hohe EN haben). Diese Bedingungen werden von Nichtmetallen erfüllt, von Metallen dagegen nicht: Diese haben eine geringe EN und wenige Valenzelektronen. Mit anderen Worten: *In einer Metallbindung möchte jedes beteiligte Atom seine Valenzelektronen loswerden, aber es gibt keinen Partner, der sie aufnähme.*

Der Ausweg besteht darin, dass jedes Metallatom seine überzähligen Valenzelektronen in den leeren Raum zwischen den Atomen abgibt. **In diesem Raum können sich die Elektronen frei bewegen,** ohne einem bestimmten Atom zugeordnet zu sein. Die positiv geladenen Metall-Ionen – hier auch *Atomrümpfe* genannt – sind also in einem „Gas" von beweglichen Elektronen eingebettet, etwa wie Erbsen in Tapetenkleister.

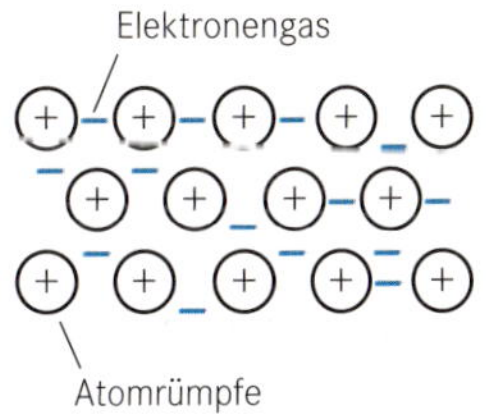

Elektronengas-Modell der chemischen Bindung in Metallen

DAS MUSST DU WISSEN **Elektronengas-Modell**

Das Elektronengas-Modell erklärt die chemische Bindung in Metallen und die daraus resultierenden Stoffeigenschaften.

Zusammenhang von Struktur und Eigenschaften bei Metallen

Strukturmerkmal (Ebene der kleinsten Teilchen)	Folge (beobachtbare Stoffeigenschaften)	Beispiele
Atomrümpfe können innerhalb des Elektronengases verschoben werden.	Metalle sind zäh, sie sind im kalten oder warmen Zustand verformbar.	Ein Nagel wird krummgehauen, ohne dass er abbricht.
Elektronen sind im Elektronengas frei beweglich.	Legt man eine äußere Spannung an, leitet ein Metall den elektrischen Strom.	In einem Stromkabel befindet sich ein Kupferdraht.
Die Elektronen übertragen Bewegungsenergie.	Metalle besitzen eine gute Wärmeleitfähigkeit, denn Wärme bedeutet Bewegung.	Ein Silberlöffel, der in einer Tasse heißem Tee steht, wird am Griff warm.
Wenn sich die Elektronen und Atomrümpfe stark bewegen, stoßen sie öfter miteinander zusammen.	Die elektrische Leitfähigkeit eines Metalls sinkt bei steigender Temperatur; bei Stromfluss erwärmt sich ein metallischer Leiter.	Ein Glühdraht erwärmt sich, bis er leuchtet.
In das Elektronengas kann kein Licht eindringen.	Metalle reflektieren Licht vollständig.	Eine saubere Metalloberfläche glänzt und spiegelt.

1 **Aluminium, Eisen, Kupfer und Gold**
Nenne für diese Metalle jeweils eine typische Eigenschaft und einige Verwendungen dieser Metalle, die sich aus der genannten Eigenschaft ergeben.

2 **Wie unterscheidet sich die elektrische Leitfähigkeit von Metallen, Metallschmelzen, Salzen und Salzschmelzen? Begründe deine Aussagen.**

5.11 Die Arten der chemischen Bindung im Vergleich

In der folgenden Tabelle sind die drei Grundtypen der chemischen Bindung – Ionenbindung, Elektronenpaarbindung und Metallbindung – einander gegenübergestellt (vgl. Tabelle auf S. 19).

Bindungstyp	Ionenbindung	Elektronenpaarbindung („kovalente Bindung")	Metallbindung
Typische Elementkombination	Metall–Nichtmetall	Nichtmetall–Nichtmetall	Metall–Metall
ΔEN-Kriterium	ΔEN ≥ ca. 1,7	polar: ca. 1,7 ≥ ΔEN > 0,5 unpolar: 0,5 > ΔEN	ca. 1,7 ≥ ΔEN
Typische Stoffe	Salzartige Stoffe: ▶ relativ harte Feststoffe ▶ nicht verformbar – Kristalle (Flächen, Kanten) ▶ oft wasserlöslich – hohe Schmelz- und Siedetemperatur ▶ Schmelzen und Lösungen leiten den elektrischen Strom	Flüchtige Stoffe: ▶ Gase, Flüssigkeiten oder relativ weiche* Feststoffe ▶ niedrige Schmelz- und Siedetemp.* ▶ Schmelzen und Lösungen leiten den elektrischen Strom nicht (*Ausnahme: „Riesenmoleküle" wie z. B. Diamant)	Metalle (Elemente und Legierungen): ▶ (fast nur) Feststoffe ▶ meist gut verformbar ▶ mittlere bis hohe Schmelz- und Siedetemperatur ▶ Glanz – gute elektrische Leitfähigkeit
Grundbausteine	Ionen	Atome in Molekülen	Atomrümpfe mit Elektronengas dazwischen
Bindungsprinzip	Elektronen werden übertragen	Elektronenpaare werden gemeinsam genutzt	
Räumliche Strukturen	Ungerichtete Bindungen → „Gitterstrukturen"; elektrische Anziehung der Ionen, Gitterenergie	Gerichtete Bindungen → Molekülstrukturen (definierte Geometrie)	Ungerichtete Bindungen → dichte Packungen der Atomrümpfe
Weitere Kräfte zwischen den Teilchen	–	Van-der-Waals-Kräfte, Dipol-Kräfte, H-Brücken	–
Beispiele	NaCl, $CaCl_2$, Rb_2O, MgO	H_2O, HCl, HCN Cl_2, O_2, N_2, CH_4	Na, Mg, Fe, Al; CuZn

Test

1 Chemische Bindungen |5|

a) Welche Art der chemischen Bindung liegt in H_2, NaCl, Na und HCl jeweils vor? Benenne und beschreibe sie. Begründe deine Zuordnung.

b) Ordne die vier genannten Stoffe nach steigenden Schmelztemperaturen.

2 Lösungsmittel Wasser |3|

Warum löst sich elementares Iod nur wenig in Wasser, Ammoniak (NH_3) und Chlorwasserstoff (HCl) hingegen hervorragend?

3 Zinkblech in einer Kupfersulfat-Lösung |4|

Wenn man ein Stück Zinkblech in eine Kupfersulfat-Lösung ($CuSO_4$ in H_2O; enthält Cu^{2+}-Ionen) taucht, scheidet sich darauf augenblicklich ein schwarzer Feststoff ab, der nach längerem Stehenlassen oder beim Polieren orangerot und metallisch glänzend wird. Erkläre die Beobachtungen mithilfe einer Reaktionsgleichung.

4 Schmelztemperaturen und Löslichkeit in Wasser |4|

Erkläre die unterschiedlichen Schmelztemperaturen von KBr (ca. 700 °C) und Al_2O_3 (ca. 2 550 °C). Welcher der beiden Stoffe wird besser in Wasser löslich sein?

5 Wenn man elementaren Stickstoff und elementaren Wasserstoff unter geeigneten Bedingungen miteinander reagieren lässt, entsteht Ammoniak (NH_3). |6|

a) Zeichne die Lewis-Formel von Ammoniak. Welche räumliche Gestalt wird dieses Molekül haben?

b) Formuliere die Reaktionsgleichung für die oben beschriebene Reaktion.

c) Diese Reaktion hat eine sehr hohe Aktivierungsenergie. Begründe.

6 Elementares Chlor ist sehr giftig. |8|

Wenn man damit im Labor arbeitet, muss man es nach dem Experiment unschädlich machen. Das kann man erreichen, indem man es über festes Natriumhydroxid (NaOH) leitet. Dabei beobachtet man außer einer Wärmeentwicklung eine sofortige Entfärbung des zuvor grüngelben Gases und ein Verschwinden des charakteristischen Geruchs. Das NaOH wird feucht und klumpig. In diesem Reaktionsprodukt lassen sich sowohl Chlorid-Ionen als auch Hypochlorit-Ionen (ClO^-) nachweisen.
Zeichne die Lewis-Formel des Hypochlorit-Ions. Formuliere die Redoxgleichung.
Erkläre alle Beobachtungen.

||30||

Wie viele Punkte hast du? Erreichst du mehr als 24 Punkte, beherrschst du den Inhalt des Kapitels wirklich gut. Erreichst du weniger als 12 Punkte, dann solltest du dieses Kapitel wiederholen.

6 Wichtige Elemente und Verbindungen

WAS DU SCHON WISSEN SOLLTEST

Stoffgemische und Trennverfahren, Unterschied Element-Verbindung, Arten der chemischen Bindung, Oktettregel bzw. Edelgasregel, Kräfte zwischen Molekülen, Zusammenhang Struktur-Eigenschaften, Triebkraft chemischer Reaktionen

6.1 Luft: ein lebensnotwendiges Gasgemisch

Überall um uns herum ist Luft. Trockene und staubfreie Luft ist kein Reinstoff, sondern ein **homogenes Stoffgemisch**, dessen Eigenschaften von seinen einzelnen Bestandteilen geprägt werden.

DAS MUSST DU WISSEN Luftbestandteile

Luft enthält
- 78 % Stickstoff,
- 21 % Sauerstoff und
- 1 % andere Gase.

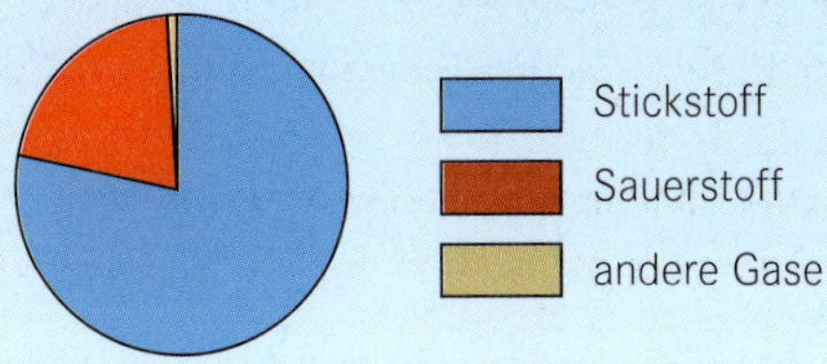

Die Gase der Luft habe einige Stoffeigenschaften gemeinsam: Sie sind alle farb-, geruch- und geschmacklos. Die unterschiedlichen Siedetemperaturen der Gase nutzt man, um Luft durch stufenweise (fraktionierte) Destillation in ihre Bestandteile zu trennen.

Sauerstoff

Alle Verbrennungsvorgänge und die Atmung von Menschen und Tieren benötigen Sauerstoff.
Regel: Sauerstoff ist nicht brennbar, aber unerlässlich für die Verbrennung anderer Stoffe.

In reinem Sauerstoff verlaufen Verbrennungsvorgänge heftiger als an der Luft. Dies macht man sich auch beim Sauerstoff-Nachweis zunutze, bei dem ein glimmender Holzspan aufflammt, wenn er in reinen Sauerstoff gehalten wird.
Nachweis: Sauerstoff wird durch die Glimmspanprobe nachgewiesen.

Elementarer Sauerstoff kommt in Form **zweiatomiger Moleküle** mit der Formel O_2 vor. In der Lewis-Schreibweise (vgl. Kapitel 5.6) kann man ein Sauerstoff-Molekül so darstellen: $\langle O=O \rangle$
Eine weitere Form des elementaren Sauerstoffs ist das sehr reaktive, giftige Ozon (O_3).

Sauerstoff selbst löst sich nur wenig in Wasser. Diese geringe Löslichkeit reicht aber für das Überleben von Fischen im Wasser aus.

DAS MUSST DU WISSEN Oxide

Von fast allen anderen Elementen kann man Sauerstoffverbindungen - **Oxide** genannt - herstellen. Oxide von Metallen und Nichtmetallen haben unterschiedliche Eigenschaften.
Sauerstoff reagiert mit Metallen zu Metalloxiden. Diese sind in der Regel ionisch aufgebaut, sie haben hohe Schmelz- und Siedetemperaturen. Manche Metalloxide lösen sich in Wasser, dabei entstehen Laugen. Andere Metalloxide sind in Wasser unlöslich.
Sauerstoff reagiert mit Nichtmetallen zu Nichtmetalloxiden. Diese sind aus Molekülen mit mehr oder weniger polaren Elektronenpaarbindungen aufgebaut. Die meisten Nichtmetalloxide lösen sich gut in Wasser, dabei entstehen Säuren.

1 **Notiere die Formeln der Oxide der Elemente der dritten Periode.**
Das jeweilige Metall bzw. Nichtmetall soll in diesen Verbindungen die höchste mögliche Oxidationsstufe haben.

2 **Warum lösen sich Nichtmetalloxide wie z. B. Kohlenstoffdioxid oder Schwefeltrioxid gut, elementarer Sauerstoff aber nur wenig in Wasser?**

Stickstoff

Stickstoff ist der Hauptbestandteil der Luft. Er ist auch in vielen lebenswichtigen chemischen Verbindungen enthalten, wie z. B. Eiweißstoffen. Jedoch können Pflanzen und Tiere den Luftstickstoff nicht direkt aufnehmen und in nützliche chemische Verbindungen einbauen, dafür ist er viel zu reaktionsträge. Lediglich einige Bakterienarten können dies.
Verbrennungsvorgänge werden von Stickstoff *erstickt*, daher kommt auch der Name.
Nachweis: Es gibt keine einfache Nachweisreaktion für elementaren Stickstoff, er wird durch den negativen Ausfall der anderen Gasnachweise nachgewiesen.

Seine Reaktionsträgheit kann man mit der chemischen Bindung im N_2-Molekül erklären: In der Lewis-Formel erkennt man, dass darin eine **Dreifachbindung** $|N{\equiv}N|$ vorliegt. Diese Dreifachbindung ist deutlich stärker (und auch kürzer) als eine normale Elektronenpaarbindung (Einfachbindung), und deshalb wird sehr viel Energie benötigt, um sie zu spalten - dies muss aber der erste Schritt jeder Reaktion sein, bei der Luftstickstoff in andere Verbindungen umgewandelt wird. Daher kann man Stickstoffoxide nur herstellen, wenn man ein Stickstoff-Sauerstoff-Gemisch sehr hohen Energien aussetzt, z. B. in einem elektrischen Lichtbogen, in einem Verbrennungsmotor oder in einer Blitzentladung.

Regel: Alle Reaktionen mit elementarem Stickstoff haben eine sehr hohe *Aktivierungsenergie*.

Das wichtigste technische Verfahren zur Nutzung von Luftstickstoff ist die **Ammoniak-Synthese nach Haber und Bosch:** $N_2 + 3\ H_2 \rightarrow 2\ NH_3$.
Aus dem so hergestellten Ammoniak wird eine große Anzahl weiterer chemischer Verbindungen hergestellt. Von vielen Elementen kennt man Stickstoff-Verbindungen, diese heißen **Nitride.** Sie sind aber weder so zahlreich noch so bedeutend wie die Oxide.

3 **Düngemittel enthalten in der Regel einen hohen Anteil Stickstoffverbindungen. Warum?**

Edelgase
Dritthäufigster Bestandteil der Luft ist **Argon**. Zusammen mit **Helium**, **Neon**, **Krypton**, **Xenon** und **Radon**, die ebenfalls alle in geringen und geringsten Mengen in der Luft enthalten sind, bildet es die Familie der Edelgase, die ihren Namen von ihrer absoluten Reaktionsträgheit haben. Alle Edelgase sind farb-, geruch- und geschmacklose einatomige Gase. Ihre Schmelz- und Siedetemperaturen sind demzufolge sehr niedrig – Helium ist der einzige Stoff, der unter Normaldruck niemals fest wird – und steigen mit zunehmender Atommasse.
Die Edelgase werden als *Leuchtgase* für Leuchtstoffröhren verwendet. Argon ist ein *Inertgas* oder *Schutzgas* für Prozesse, bei denen man unter Luftausschluss arbeiten muss, z. B. Schutzgasschweißen. Helium nutzt man wegen seiner geringen Dichte als *Füllgas* für Ballons und wegen seiner extrem niedrigen Verflüssigungstemperatur als Füllmittel in Kälteanlagen.

4 **Erkläre die Reaktionsträgheit der Edelgase.**
Tipp: Betrachte ihre Valenzelektronenkonfiguration.

6.2 Wasser: ein Stoff mit ungewöhnlichen Eigenschaften

Wasser erscheint uns vertraut wie kaum ein anderer Stoff und hat doch einige Eigenschaften, die bei genauerer Betrachtung alles andere als alltäglich sind. In diesem Kapitel erklären wir diese mit der chemischen Bindung im Wassermolekül und den sich daraus ergebenden Kräften zwischen den Wassermolekülen.

Was hält einen Wassertropfen zusammen?

In der Schwerelosigkeit in einem Raumschiff ist ein Wassertropfen eine perfekte Kugel, und auch auf der Erde ist ein Regentropfen beinahe kugelförmig – je kleiner er ist, desto näher kommt er diesem Ideal. Auch auf einem frisch polierten Auto dach oder auf den Blättern von Pflanzen beobachtet man *kugelförmige* Wassertropfen. Warum?

Bei einem *kugelförmigen* Wassertropfen befindet sich die geringste mögliche Zahl an Molekülen in der äußersten Schicht und die maximale Zahl im Inneren des Wassertropfens. Da die Wassermoleküle untereinander Wasserstoffbrücken eingehen (vgl. S. 84 f.), was energetisch vorteilhaft ist, möchten so viele Wassermoleküle wie möglich daran teilhaben. Diejenigen Wassermoleküle, die sich in der Oberflächenschicht befinden, können diese H-Brücken nicht mehr in alle Richtungen ausbilden. Sie werden von den Wassermolekülen im Inneren des Tropfens stärker angezogen als von der umgebenden Luft und verhalten sich wie eine „Haut“. Deshalb kann z. B. ein *Wasserläufer* auf der Wasseroberfläche laufen.

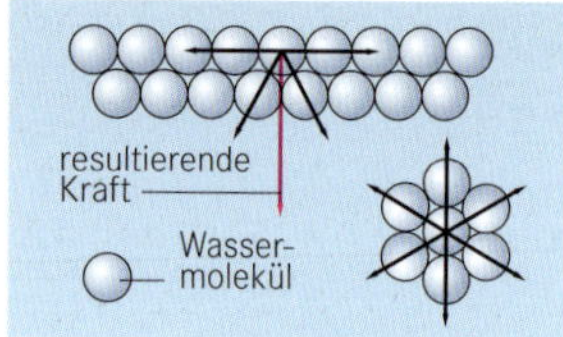

Modell der Oberflächenspannung

Regel: Die **Oberflächenspannung** des Wassers kommt durch die gegenseitige Anziehung der Wassermoleküle über Wasserstoffbrücken zustande.

DAS MUSST DU WISSEN | **Die erste Anomalie des Wassers**

Wasser dehnt sich beim Gefrieren aus

Ein Eisberg schwimmt auf dem Meer, ein Schlittschuhläufer gleitet auf einem dünnen Wasserfilm übers Eis, eine volle Wasserflasche platzt, wenn das Wasser gefriert: Alle diese aus dem Alltag bekannten Beobachtungen haben damit zu tun, dass Wasser sich beim Gefrieren ausdehnt. Das liegt daran, dass sich die Wassermoleküle im Eis so ordnen, dass sie ganz regelmäßige H-Brücken bilden können. Wegen der gewinkelten Geometrie eines Wassermoleküls ergeben sich daraus zwangsläufig größere Lücken in der Eis-Struktur. Deshalb ist die Dichte von Eis geringer als die von flüssigem Wasser.

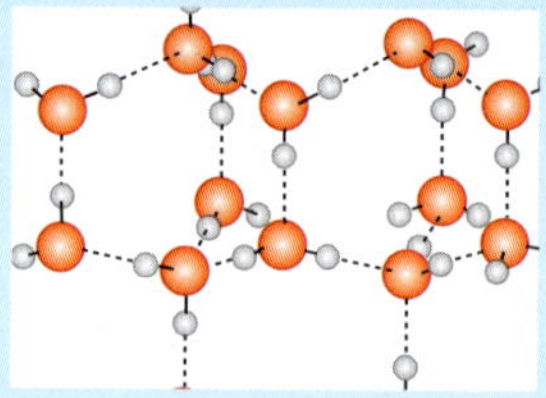

Regel: Eis hat eine geringere Dichte als flüssiges Wasser, da es Hohlräume enthält.

DAS MUSST DU WISSEN | **Die zweite Anomalie des Wassers**

Flüssiges Wasser hat bei 4 °C seine größte Dichte

Am Grund eines tiefen Sees hat das Wasser sommers wie winters immer eine Temperatur von 4 °C. Man erklärt sich das damit, dass auch etwas oberhalb der Schmelztemperatur zeitweilig noch Reste der Eis-Struktur mit ihren Hohlräumen im flüssigen Wasser vorhanden sind. Erst wenn die Temperatur bis auf 4 °C steigt, ist die Bewegungsenergie der Wassermoleküle so groß, dass die **Ordnung** in diesen Bereichen **zusammenbricht** und eine dichtere – aber unregelmäßigere – Packung der Wassermoleküle möglich wird. Oberhalb von 4 °C steigt die Unordnung weiter an, die Bewegung der Wassermoleküle wird heftiger und die auch von anderen Stoffen bekannte Ausdehnung beim Erwärmen setzt ein.

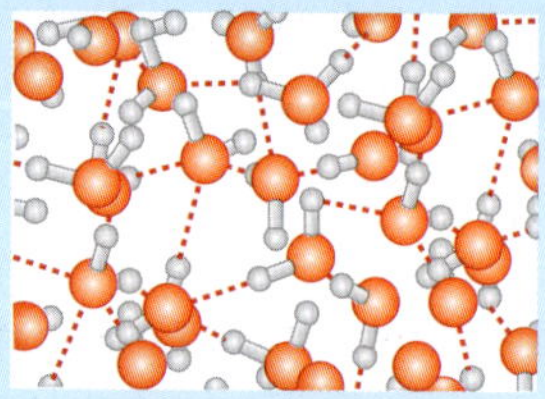

1 **Ein Wasserläufer würde in Benzin einsinken. Warum?**
Hinweis: Benzin ist eine unpolare Flüssigkeit.

Wasser als Lösungsmittel

Das Auflösen von Salz in Wasser ist ein ganz alltäglicher Vorgang. Betrachtet man ihn auf der Teilchenebene, steckt aber doch einiges dahinter: Das Ionengitter wird zerstört und die einzelnen Ionen werden von Wasserteilchen umgeben. Man sagt, sie werden **hydratisiert**. Wasser kann beide Ionensorten hydratisieren, da es ein Dipol-Molekül ist (siehe Kapitel 5.8): Den positiv geladenen Kationen streckt das Wassermolekül die Seite mit der negativen Teilladung - also das Sauerstoff-Atom - hin, während die negativ geladenen Anionen von Wasserstoff-Atomen umgeben sind, die eine positive Teilladung haben. Beim Zerstören des Ionengitters muss Energie aufgewendet werden, nämlich genau derselbe Energiebetrag, der beim Entstehen des Ionengitters als **Gitterenergie** frei wird. Dafür wird bei der Hydratisierung der Ionen die so genannte **Hydratisierungsenergie** frei.
Wenn der Betrag der Gitterenergie größer ist als die Hydratisierungsenergie, wird für das Aufbrechen des Ionengitters mehr Energie benötigt als bei der Hydratisierung frei wird. Diese zusätzliche Energie muss dem Wasser entzogen werden: Es kühlt sich beim Lösen des Salzes ab. Ist umgekehrt die Hydratisierungsenergie größer als der Betrag der Gitterenergie, wird insgesamt Energie frei: Das Wasser erwärmt sich.
Wasser löst nicht nur viele Ionenverbindungen, sondern auch andere Stoffe (siehe Kapitel 2.2).

2 **In vielen Ländern wird Trinkwasser aus Salzwasser gewonnen. Wie könnte man das mit einfachen Mitteln erreichen?**

Wasserstoff

Wasserstoff ist das häufigste chemische Element im Universum. Es ist ein farb-, geruch- und geschmackloses Gas, dessen auffallendste Eigenschaften seine geringe Dichte und seine hohe Brennbarkeit sind. Aus Wasserstoff und Sauerstoff entsteht Wasser in einer sehr heftigen Reaktion **(Knallgas-Reaktion):** $2\ H_2 + O_2 \rightarrow 2\ H_2O$; stark exotherm.

Nachweis: Wasserstoff wird durch den positiven Ausfall der Knallgasprobe nachgewiesen.
Die umgekehrte Reaktion erfolgt bei der elektrolytischen Zersetzung des Wassers, wobei man Schwefelsäure zusetzen muss, um die Leitfähigkeit des Wassers zu erhöhen:
$2\ H_2O \rightarrow 2\ H_2 + O_2$; stark endotherm.

Man kann die Knallgas-Reaktion verwenden, um Energie zu gewinnen. In **Brennstoffzellen** wird diese Reaktion auf *kaltem* Weg durchgeführt, d. h., dabei entsteht keine Wärmeenergie, sondern direkt elektrische Energie. Wenn es zukünftig gelingt, große Mengen Wasserstoff auf umweltfreundliche Weise herzustellen (also z. B. mithilfe von Sonnenenergie, ohne Verwendung fossiler Brennstoffe), könnte Wasserstoff zum wichtigsten Energieträger werden.

3 **Warum wird Wasserstoff als „sauberer“ Energieträger bezeichnet?**

6.3 Alkali- und Erdalkalimetalle

Die Alkalimetalle und die Erdalkalimetalle sind zwei Elementfamilien, die einerseits in vielerlei Hinsicht typische Metalle sind, die aber andererseits durch ihre enorme Reaktionsfreudigkeit besonders auffallen. In der Natur kommen sie daher **nur** in chemisch gebundener Form vor, wobei einige von ihnen sehr häufig anzutreffen sind. Man kann die beobachteten Abstufungen der Reaktivität innerhalb einer Element-familie mithilfe unseres Atommodells erklären.

Alkalimetalle

Die Alkalimetalle sind relativ weiche Metalle mit einer – für Metalle – durchweg sehr niedrigen Schmelztemperatur, die innerhalb der Gruppe vom Lithium mit 180 °C bis zum Caesium mit 29 °C sinkt. Die auffälligste Eigenschaft aller Alkalimetalle ist ihre enorme Reaktionsfreudigkeit, die darin gipfelt, dass sich elementares Caesium an der Luft spontan entzündet.
Nachweis: Alkalimetalle werden durch ihre typische Flammenfärbung nachgewiesen.

Eigenschaften im Überblick:

Metall	Flammenfärbung	Molmasse	Dichte	Härte	Schmelztemperatur	Reaktionsfreudigkeit mit Luft	Reaktionsfreudigkeit mit Wasser
Lithium	rot	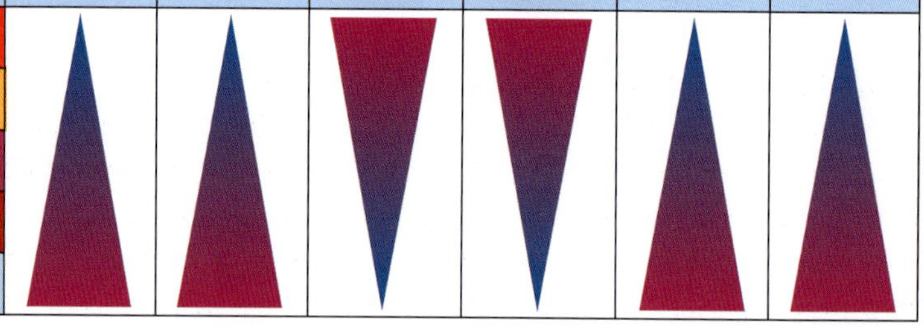					
Natrium	goldgelb						
Kalium	hellviolett						
Rubidium	rubinrot						
Caesium	hellblau						

In *chemisch gebundener* Form sind die Alkalimetalle allesamt sehr harmlos: Alle Alkalimetalle besitzen genau ein Valenzelektron, das sie bei einer chemischen Reaktion abgeben. Die einfach positiv geladenen Ionen besitzen eine *Edelgaskonfiguration*.
Regel: Alkalimetalle bilden in chemischen Verbindungen **einfach** positiv geladene Ionen.

Reaktivität der Alkalimetalle

Lithium ist vergleichsweise *reaktionsträge*, während **Caesium** das *reaktivste Alkalimetall* ist. Das wird verständlich, wenn man die Elektronenkonfigurationen der beiden Metalle im Schalenmodell betrachtet. Das Valenzelektron des Caesiums ist viel weiter vom Atomkern entfernt als das des Lithiums und die Anziehungskraft des Atomkerns sinkt mit dem Quadrat des Abstands. Zudem wird die positive Ladung des Atomkerns, der eine Anziehungskraft auf das Valenzelektron ausübt, beim Caesium durch die fünf inneren Elektronenschalen viel stärker abgeschirmt als beim Lithium durch nur eine Elektronenschale. Da hilft es auch nichts, dass im Atomkern des Caesiums viel mehr Protonen versammelt sind – im Endeffekt ist das Valenzelektron schwächer gebunden.

DAS MUSST DU WISSEN — **Reaktion von Alkalimetallen mit Wasser**

Mit Wasser reagieren die Alkalimetalle zwar unterschiedlich heftig, aber alle nach dem gleichen Schema:
$2\ M + 2\ H_2O \rightarrow 2\ MOH + H_2$ (M = Li, Na, K, Rb oder Cs).

Alkalimetalle reagieren mit Wasser zu Wasserstoff und Alkalimetall-Hydroxiden. Die Reaktion ist *exotherm*; bei K, Rb und Cs sogar so stark, dass sich der entstehende Wasserstoff entzündet. Die Alkalimetall-Hydroxide lösen sich in Wasser, wobei eine farblose, seifige, ätzende Lösung entsteht: eine *Lauge*.

Erdalkalimetalle

Ähnlich wie die Alkalimetalle zeigen auch die Erdalkalimetalle eine ausgeprägte Familienzusammengehörigkeit. Ihre Schmelztemperaturen liegen deutlich über denen der Alkalimetalle. Die meisten von ihnen färben ebenfalls die Flamme. Insgesamt reagieren die Erdalkalimetalle mit anderen Stoffen jedoch nicht ganz so heftig wie ihre „Cousins", die Alkalimetalle.
Nachweis: Die Erdalkalimetalle Calcium, Strontium und Barium werden durch ihre typische Flammenfärbung nachgewiesen.

Eigenschaften der Erdalkalimetalle

Innerhalb der Gruppe erfolgen die Änderungen der Eigenschaften recht ähnlich wie in der Gruppe der Alkalimetalle, wenn man beim Vergleich **Beryllium** außer Acht lässt, das offensichtlich kein typisches Erdalkalimetall ist, sondern Ähnlichkeit zum schräg unter ihm stehenden Aluminium aufweist. Nur bei Dichte und Schmelztemperatur verhält sich **Magnesium** anders als erwartet. Dies liegt daran, dass die Atome im elementaren Magnesium anders gepackt sind als bei **Calcium, Strontium** oder **Barium**. Die Zunahme der Reaktionsfreudigkeit innerhalb der Gruppe vom Magnesium bis zum Barium lässt sich ebenso erklären wie bei den Alkalimetallen (siehe dort).

Regel: Erdalkalimetalle bilden in chemischen Verbindungen zweifach positiv geladene Ionen.

Metall	Flammenfärbung	Molmasse	Dichte	Härte	Schmelztemperatur	Reaktionsfreudigkeit mit Luft	Reaktionsfreudigkeit mit Wasser
Magnesium	keine						
Calcium	ziegelrot						
Strontium	tiefrot						
Barium	grün						

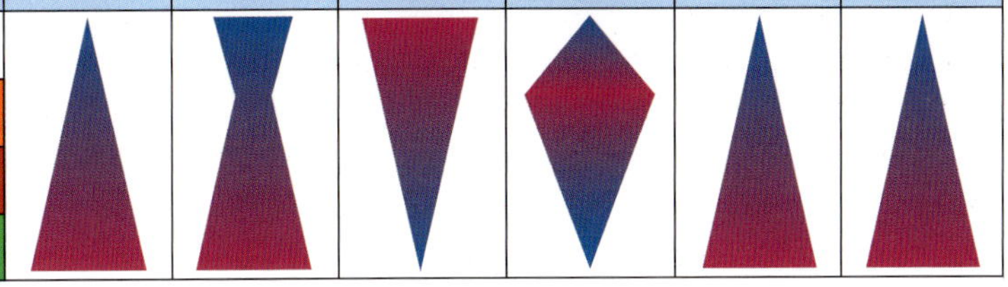

Reaktivität der Erdalkalimetalle

Die im Vergleich zu den Alkalimetallen geringere Reaktivität kann man damit erklären, dass generell mehr Energie aufgewendet werden muss, um zwei Valenzelektronen aus einem Atom zu entfernen. Selbst wenn die Gitterenergie der entstehenden Ionenverbindungen ansonsten gleich ist, wird deshalb unter dem Strich weniger Energie frei.
Mit Wasser reagieren die Erdalkalimetalle zwar unterschiedlich heftig, aber alle nach dem gleichen Schema:
$M + 2\,H_2O \rightarrow M(OH)_2 + H_2$ (M = Mg, Ca, Sr oder Ba).
Die Reaktion ist zwar in jedem Fall exotherm, aber nicht so heftig wie bei den Alkalimetallen; um sie mit Magnesium in Gang zu bringen, muss sogar heißes Wasser verwendet werden.

1 Warum bewahrt man Lithium, Natrium und Kalium unter Petroleum auf?

2 Reaktion von Lithium mit elementarem Stickstoff

a) Formuliere die Reaktionsgleichung für die Reaktion.
b) Benenne das Produkt.
c) Warum muss man das Lithium stark erhitzen, damit eine Reaktion eintritt?
d) Das Reaktionsprodukt ist ein harter, spröder Feststoff, der den elektrischen Strom nicht nennenswert leitet. Welche Art der chemischen Bindung liegt darin vor?

6.4 Halogene

Halogene sind eine weitere Elementfamilie, deren Zusammengehörigkeit sich in ähnlichen chemischen und physikalischen Eigenschaften widerspiegelt. Man kann die Abstufung ihrer Eigenschaften mit dem Aufbau der Atome erklären. Auch die Halogene kommen in der Natur **nur** in chemisch gebundener Form vor.

Herstellung

Halogene können durch Elektrolyse von Alkalimetallhalogenid-Schmelzen hergestellt werden.
Beispiel: Bei der **Elektrolyse einer Natriumchlorid-Schmelze** läuft folgende Reaktion ab:
$2\,NaCl \rightarrow 2\,Na + Cl_2$.
Elementares Natrium entsteht an der Kathode und scheidet sich dort in flüssiger Form ab, elementares Chlor steigt an der Anode als Gasbläschen auf.
Bei der **Elektrolyse einer wässrigen Natriumchlorid-Lösung** geschieht dagegen Folgendes:
$2\,NaCl + 2\,H_2O \rightarrow 2\,NaOH + H_2 + Cl_2$ (Chloralkali-Elektrolyse).
An der Kathode kommt es nämlich zu einer Folgereaktion des Natriums mit Wasser, wobei Natronlauge (gelöstes NaOH) und elementarer Wasserstoff entstehen. An der Anode läuft der gleiche Vorgang ab wie oben.

Eigenschaften der Halogene

Elementare Halogene bestehen aus zweiatomigen Molekülen (Erklärung siehe Kapitel 5.6) und zeigen für unpolare Molekülverbindungen typische Eigenschaften: niedrige Schmelz- und Siedetemperaturen, keine elektrische Leitfähigkeit, nur mäßige Wasserlöslichkeit.
Innerhalb der Gruppe der Halogene sind die Eigenschaften abgestuft. Übersicht:

Halogen	Farbe gasförmig	Farbe flüssig	Aggregatzustand bei 20 °C	Molmasse	Schmelztemperatur	Reaktionsfreudigkeit
Fluor	blassgelb	hellgelb	gasförmig			
Chlor	grüngelb	gelb	gasförmig			
Brom	rotbraun	dunkelbraun	flüssig			
Iod*	violett	schwarz**	fest			

Hinweise zur Tabelle: *Iod sublimiert bei Normaldruck, d. h., es geht vom festen direkt in den gasförmigen Zustand über. ** Farbe im festen Zustand

Reaktionen der Halogene

Fluor ist das reaktivste Halogen: Mit zahlreichen Stoffen reagiert es bereits bei Raumtemperatur sehr heftig, oft unter Feuererscheinung. Auch **Chlor** ist noch so reaktiv, dass es sich mit vielen Stoffen in heftiger Reaktion verbindet. **Brom** und **Iod** sind dagegen schon etwas einfacher handhabbar. Offensichtlich hat Fluor das stärkste Bestreben, seine Elektronenschale zur Edelgaskonfiguration aufzufüllen, und es kann deshalb (fast) allen anderen Atomen ein Elektron entreißen (d. h., es kann diese *oxidieren*, vgl. Kapitel 5.3). Dies kommt auch darin zum Ausdruck, dass Fluor die höchste *Elektronegativität* aller Elemente besitzt (vgl. Kapitel 5.8). Die positive Ladung des Atomkerns wird beim Fluor nur durch eine innere Elektronenschale abgeschirmt und kann daher sehr stark auf die Valenzelektronen wirken.
Beim Iod hingegen schirmen vier innere Elektronenschalen die Kernladung ab. Außerdem befinden sich seine Valenzelektronen viel weiter vom Kern entfernt als beim Fluor. Folglich ist das Bestreben, ein zusätzliches Elektron aufzunehmen, geringer ausgeprägt als beim Fluor und die *Reaktivität* ist also kleiner.

Verbindungen der Halogene

Alle Halogene sind in elementarer Form giftig, in chemisch gebundener Form weniger oder gar nicht giftig. Das liegt daran, dass Halogene in vielen Verbindungen in Form von Halogenid-Ionen enthalten sind.
Beispiel: als Chlorid-Ion im Kochsalz
Halogene bilden in chemischen Verbindungen mit Metallen einfach negativ geladene Halogenid-Ionen. Die meisten Metall-Halogenide sind gut in Wasser löslich. Nur Silberhalogenide machen eine Ausnahme. Deshalb werden die Halogenid-Ionen **Chlorid**, **Bromid** und **Iodid** durch die Bildung eines Niederschlags bei Zugabe von Silbernitrat-Lösung nachgewiesen.
Mit anderen Nichtmetallen bilden Halogene Moleküle mit Elektronenpaarbindungen.

1 Welche Eigenschaften erwartest du für

a) Kaliumchlorid,
b) Chlorwasserstoff (HCl)?
c) Vergleiche mit den Eigenschaften von elementarem Chlor. Begründe die Unterschiede.

2 Elementares Fluor kann mit Sauerstoff zur Reaktion gebracht werden.

a) Formuliere die Reaktionsgleichung.
b) Notiere die Lewis-Formel des Reaktionsprodukts.
c) Das Reaktionsprodukt heißt nicht Difluoroxid, sondern Sauerstoffdifluorid. Warum?

6.5 Kohlenstoff und seine Verbindungen

Kohlenstoff ist eines der wichtigsten Nichtmetalle. Alles Leben beruht auf Kohlenstoffverbindungen. Eine Ursache hierfür ist die Vielfalt chemischer Verbindungen, die Kohlenstoff eingehen kann, was sich bereits in den Strukturen des elementaren Kohlenstoffs andeutet.

Elementarer Kohlenstoff

Kohlenstoff existiert in der Natur in zwei Formen mit völlig verschiedenen Strukturen und ebenso unterschiedlichen Eigenschaften: Diamant und Graphit.
Regel: Unterschiedliche Erscheinungsformen desselben Stoffs mit unterschiedlicher Anordnung der Atome bezeichnet man als **Modifikationen**.

Vergleich der Strukturen und Eigenschaften von Graphit und Diamant:

Merkmal	Diamant	Graphit
Struktur	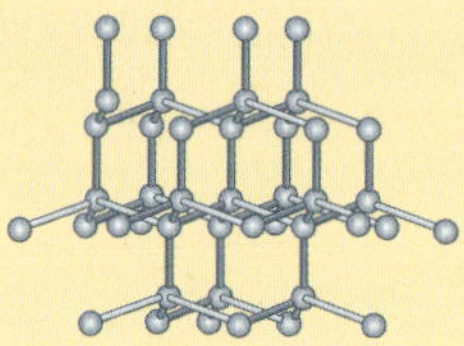	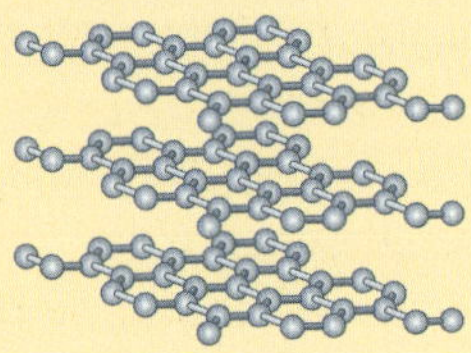
Verknüpfung der Atome	Dreidimensionales Gitter von tetraedrisch umgebenen C-Atomen, Verknüpfung über Einfachbindungen	Zweidimensionale Schichten von C-Atomen, Einfach- und Doppelbindungen im Wechsel; zwischen den Schichten keine chemischen Bindungen, nur Van-der-Waals-Kräfte
Härte	sehr groß	sehr gering
Dichte	größer (3,51 g/cm^3)	geringer (2,25 g/cm^3)
Spaltbarkeit	nicht spaltbar	leicht spaltbar parallel zu Schichten

Merkmal	Diamant	Graphit
elektrische Leitfähigkeit	keine: guter Isolator	gute Leitfähigkeit innerhalb der Schichten, aber keine Leitfähigkeit senkrecht zu den Schichten
Farbe	farblos, starke Lichtbrechung	schwarz
Schmelztemperatur	sehr hoch	sehr hoch

Neben diesen beiden Modifikationen existieren noch weitere, synthetisch hergestellte.
Beispiel: kugelförmige Moleküle (Fullerne), Schichten mit nur einer Lage Kohlenstoff-Atomen (Graphen) oder nur wenige Nanometer dicke Röhren

1 Erkläre die große Härte von Diamant.

DAS MUSST DU WISSEN **Kohlenstoffdioxid und Kohlenstoffmonooxid**

Die beiden wichtigsten Kohlenstoff-Oxide sind Kohlenstoffdioxid (CO_2) und Kohlenstoffmonooxid (CO). Wenn bei einer Verbrennung genug Sauerstoff vorhanden ist, entsteht CO_2: $C + O_2 \rightarrow CO_2$

Das sauerstoffärmere CO entsteht bei Sauerstoffmangel; es kann mit zusätzlichem Sauerstoff weiterreagieren: $2\,C + O_2 \rightarrow 2\,CO$

$2\,CO + O_2 \rightarrow 2\,CO_2$

CO_2 ist das **Produkt der Atmung** von Tieren und Menschen. In der Zellatmung wird Traubenzucker ($C_6H_{12}O_6$) mit Sauerstoff unter Energiefreisetzung zu Kohlenstoffdioxid und Wasser „verbrannt“, wobei dies eine langsame und vielstufige Oxidation ist.

$C_6H_{12}O_6 + 6\,O_2 \rightarrow 6\,H_2O + 6\,CO_2 + \text{Energie}$

CO_2 hat eine deutlich *größere Dichte als Luft* und sammelt sich deshalb unten in Silos, Höhlen usw., was wegen seiner erstickenden Wirkung gefährlich sein kann. Deutlich giftiger als CO_2 ist CO, das sich an den roten Blutfarbstoff bindet und damit den Sauerstofftransport durch das Blut blockiert.

Mit Kalkwasser - das ist eine Lösung von Calciumhydroxid, $Ca(OH)_2$, in Wasser - bildet CO_2 einen weißen Niederschlag von Calciumcarbonat, $CaCO_3$.

Nachweis: Kohlenstoffdioxid wird durch die Trübung von Kalkwasser nachgewiesen.

2 Formuliere die Reaktionsgleichung für den CO_2-Nachweis. Nutze dabei die Textinformationen.

6.6 Säuren, Laugen und Salze

Säuren und Laugen sind wässrige Lösungen mit besonderen Eigenschaften. In chemischer Hinsicht sind sie Gegenspieler, die sich gegenseitig unschädlich machen können. Von Säuren leiten sich Salze ab.

Indikatoren und pH-Skala

Indikator-Farbstoffe zeigen an, ob eine wässrige Lösung sauer, neutral oder alkalisch reagiert. Egal welche Säure gerade untersucht wird, bei gleicher Säurestärke beobachtet man bei einem gegebenen Indikator die gleiche Farbe. Jeder Indikator-Farbstoff hat einen oder zwei charakteristische **Umschlagbereiche,** in denen jeweils der Farbwechsel stattfindet. Um eine feinere Unterscheidung zu ermöglichen, mischt man verschiedene Farbstoffe zu **Universal-Indikatoren** zusammen.

Die saure, neutrale oder alkalische Eigenschaft einer Lösung wird mit der **pH-Skala** gemessen. Diese Skala geht von 0 bis 14. In der Mitte der Skala, bei pH = 7, ist eine Lösung *neutral*, d. h. weder sauer noch alkalisch. Darunter, zwischen pH = 0 und pH = 6, ist eine Lösung *sauer*; je saurer sie ist, umso kleiner ist ihr pH-Wert. Bei hohen pH-Werten (von 8 bis 14) ist eine Lösung *alkalisch*, wobei auch hier gilt: Je weiter der Wert von der 7 entfernt ist, desto alkalischer ist die Lösung.

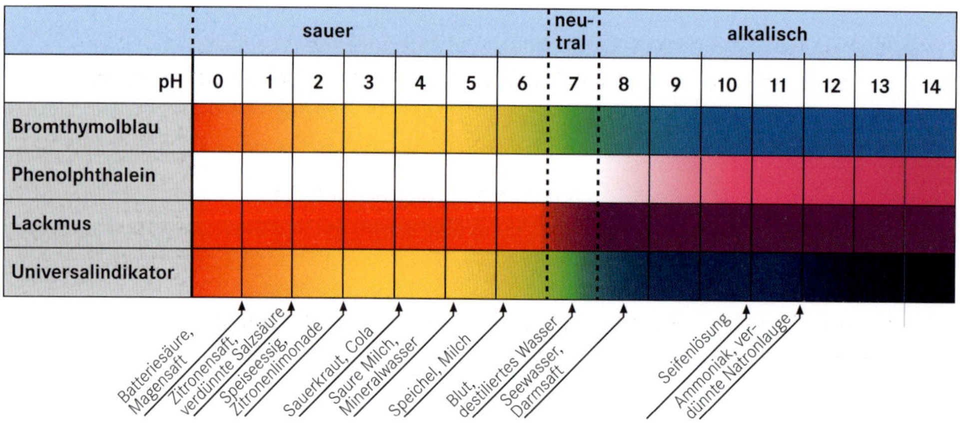

DAS MUSST DU WISSEN Definition nach Arrhenius

Für die **saure Reaktion** einer Säure sind H_3O^+-Ionen verantwortlich; sie heißen **Oxonium-Ionen** bzw. Hydroxonium-Ionen. Die **alkalische Reaktion** einer Lauge wird durch OH^--Ionen verursacht, sie heißen **Hydroxid-Ionen.**

Wie entstehen H_3O^+-Ionen?

Was passiert, wenn man HCl in Wasser löst? HCl ist ein farbloses, ätzendes Gas, das sich begierig in Wasser löst. Die wässrige Lösung von HCl ist eine Säure, wie der Test mit einem Indikator zeigt. Man nennt sie **Salzsäure**. Sie leitet den elektrischen Strom: Sie muss also Ionen enthalten, die im gasförmigen HCl noch nicht vorhanden waren, denn HCl-Gas ist eine Molekülverbindung. Bei der Elektrolyse von Salzsäure entsteht an der Anode Chlorgas und an der Kathode Wasserstoffgas. Daraus folgt, dass in der Lösung Cl^--Ionen als Anionen und H_3O^+-Ionen als Kationen vorliegen. HCl zerfällt in Wasser: $HCl_{(g)} + H_2O_{(l)} \rightarrow H_3O^+_{(aq)} + Cl^-_{(aq)}$.

Regel: Den Zerfall in Ionen ($HCl \rightarrow H^+ + Cl^-$) bezeichnet man als **Dissoziation**; die dabei erfolgende Übertragung des H^+-Ions auf ein Wassermolekül ($H^+ + H_2O \rightarrow H_3O^+$) nennt man **Protolyse**. Dissoziation und Protolyse sind meistens miteinander verknüpft.
Damit ein Stoff H^+-Ionen an das Wasser abgeben kann, muss in ihm eine stark polare H-X-Bindung vorliegen, wobei das Wasserstoff-Atom die positive Teilladung hat. Bei HCl ist das der Fall: Mit $\Delta EN = 0{,}9$ ist die Bindung polar. HF, HBr und HI bilden mit Wasser ebenfalls Säuren, wobei HI die schwächste Säure bildet, ganz im Einklang mit dem Verlauf von ΔEN.
Hinweis: Die H^+-Ionen bezeichnet man als *Protonen*, denn es sind Wasserstoff-Atome ohne Elektron. Da ein Wasserstoff-Atom nur ein Elektron hat, hat ein H^+-Ion gar keins mehr. Es bleibt der „nackte" Atomkern übrig, und der besteht beim Wasserstoffisotop ^1H aus einem einzigen Proton.

Wässrige Lösungen von Nichtmetalloxiden reagieren ebenfalls sauer, oft sogar sehr stark. Mit Wasser entsteht aus dem Nichtmetalloxid eine Säure, die ihrerseits H^+-Ionen an die Lösung abgeben kann.

Beispiel:

$SO_3 + H_2O$	$\rightarrow$	H_2SO_4	H_2SO_4 = „Schwefelsäure"
$H_2SO_4 + H_2O$	$\rightarrow$	$HSO_4^- + H_3O^+$	Abgabe des ersten Protons (1. Protolysestufe)
$HSO_4^- + H_2O$	$\rightarrow$	$SO_4^{2-} + H_3O^+$	Abgabe des zweiten Protons (2. Protolysestufe)

Regel: Säuren, die mehrere Protonen abgeben können, tun dies *stufenweise*.
Das Anion, das von einer Säure nach Protonenabgabe übrig bleibt, heißt *Säurerest*.

Woher kommen OH^--Ionen?

Hydroxid-Ionen werden freigesetzt, wenn man ein Metallhydroxid in Wasser auflöst.
Beispiel: Natriumhydroxid: $NaOH_{(s)} \rightarrow Na^+_{(aq)} + OH^-_{(aq)}$. Die entstehende Lösung heißt Natronlauge.

Auch Metalloxide können in wässriger Lösung Hydroxid-Ionen erzeugen. Dabei erfolgt neben der Dissoziation wieder eine Protolyse:
Beispiel: Calciumoxid: $CaO_{(s)} + H_2O_{(l)} \rightarrow Ca^{2+}_{(aq)} + 2\ OH^-_{(aq)}$

Hydroxid-Ionen entstehen ebenfalls, wenn ein Stoff dem Wassermolekül Protonen entzieht.
Beispiel: Ammoniak: $NH_3 + H_2O \rightarrow NH_4^+ + OH^-$

DAS MUSST DU WISSEN Definition nach Brönsted

Säuren sind Protonen-Donatoren, Basen sind Protonen-Akzeptoren. Säure-Basen-Reaktionen sind Protonen-Übertragungs-Reaktionen.

Zur Erinnerung: Bei Redox-Reaktionen werden Elektronen übertragen.
Hier erkennt man also eine Gemeinsamkeit: Die beiden Reaktionstypen unterscheiden sich zwar in der Art der übertragenen Teilchen, aber es sind beides **Donator-Akzeptor-Reaktionen**.

Die Neutralisation

Laugen sind Gegenspieler von Säuren: Oxonium-Ionen und Hydroxid-Ionen reagieren zu Wasser. Schematisch kann man sich das so vorstellen:

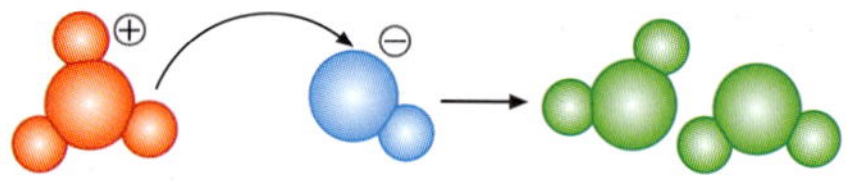

$H_3O^+ + OH^- \longrightarrow H_2O + H_2O$

Das positiv geladene Oxonium-Ion überträgt ein Proton (H^+) auf das negativ geladene Hydroxid-Ion. Das Oxonium-Ion ist hier der *Protonen-Donator*, das Hydroxid-Ion ist der *Protonen-Akzeptor*. Es entsteht Wasser. Diesen Vorgang nennt man Neutralisation, er ist stark exotherm.
Regel: Immer wenn Säuren und Laugen aufeinandertreffen, läuft eine Neutralisation ab.
Und wenn nun unterschiedliche Mengen von Säure und Lauge zusammengegeben werden? Dann läuft die Neutralisation so weit wie möglich ab, aber eben nicht vollständig.

1 **Formuliere die Reaktionsgleichung für die Neutralisation von Salzsäure mit Kalkwasser (das ist $Ca(OH)_2$-Lösung).**

2 **Die Gasblasen, die in Limonade oder Bier enthalten sind, werden oft als Kohlensäure bezeichnet. Nimm dazu Stellung.**

BEISPIEL Salzbildung

Wenn man die Reaktion von Salzsäure mit Natronlauge genauer betrachtet, sieht man, dass außer Wasser noch etwas anderes entsteht. Zuerst notieren wir auf der Seite der Edukte alle Ionensorten, die in der Salzsäure und in der Natronlauge enthalten sind. Dann formulieren wir die Neutralisation.

$$H_3O^+_{(aq)} + Cl^-_{(aq)} + Na^+_{(aq)} + OH^-_{(aq)} \longrightarrow 2\,H_2O_{(l)} + Na^+_{(aq)} + Cl^-_{(aq)}$$

Ionen aus der Salzsäure | Ionen aus der Natronlauge | Wasser aus Neutralisation | Restliche Ionen

Die restlichen Ionen erkennt man als die beiden Bestandteile des Kochsalzes. Lässt man das Wasser verdampfen, bleiben Kochsalz-Kristalle übrig. Kochsalz ist also das Natriumsalz der Salzsäure.

Regel: Bei einer **Neutralisation** entstehen Wasser und das Salz der jeweiligen Säure. Ein Salz leitet sich aus einer Säure ab, indem H^+-Ionen durch Metall-Ionen ersetzt werden.

Salze

Die Stoffklasse der Salze bietet eine außerordentlich große Vielfalt, denn ...

... ein H^+-Ion kann durch (beinahe) jedes beliebige Metall-Ion ersetzt werden.

... von jeder Dissoziationsstufe einer Säure leitet sich eine eigene Reihe von Salzen ab.

... es gibt gemischte Salze mit verschiedenen Metall-Ionen.

Beispiel: $NaKSO_4$

... es gibt Salze mit unterschiedlichen Mengen an Kristallwasser, d. h. fest in das Ionengitter eingebauten Wassermolekülen.

Beispiele: $CaCl_2$, $CaCl_2 \cdot 2\ H_2O$, $CaCl_2 \cdot 6\ H_2O$

Jedes dieser Salze ist eine eigenständige chemische Verbindung mit typischen Stoffeigenschaften. Die folgende Tabelle zeigt beispielhaft einige Säuren und davon abgeleitete Salze. Außerdem wird gezeigt, wie man die Namen der Salze bildet. Viele Salze haben neben den systematischen Namen auch noch umgangssprachliche Namen (Trivialnamen).

Säure Formel	Name	Salze (allgemein) Formel*	Name	Salze (Beispiele) Formel	Name
HCl	Salzsäure	M^ICl	... -chlorid	$NaCl$	Natriumchlorid (Kochsalz)
HNO_3	Salpetersäure	M^INO_3	... -nitrat	KNO_3	Kaliumnitrat (Salpeter)
H_2SO_4	Schwefelsäure				
1. Dissoziationsstufe:		M^IHSO_4	...-hydrogen-sulfat	$NaHSO_4$	Natriumhydrogensulfat
2. Dissoziationsstufe:		$M^I_2SO_4$ $M^{II}SO_4$	Di...-sulfat ...-sulfat	Na_2SO_4 $CaSO_4$	Dinatriumsulfat Calciumsulfat (Gips)
H_2CO_3	Kohlensäure				
1. Dissoziationsstufe:		M^IHCO_3	...-hydrogen-carbonat	$NaHCO_3$	Natriumhydrogencarbonat (Natron)
2. Dissoziationsstufe:		$M^I_2CO_3$ $M^{II}CO_3$	Di...-carbonat ...-carbonat	Na_2CO_3 $CaCO_3$	Dinatriumcarbonat (Soda) Calciumcarbonat (Kalk)
CH_3COOH	Essigsäure	CH_3COOM^I	...- acetat	CH_3COONa	Natriumacetat

*) M^I bedeutet ein einfach positiv geladenes (einwertiges) Metall-Ion, M^{II} ein zweiwertiges usw.

TIPPS UND INFOS Konzentrationsangaben

Beim quantitativen (mengenmäßigen) Arbeiten muss man wissen, wie viel eines Stoffs in einer Lösung enthalten ist. Hierfür gibt es Konzentrationsangaben.
Massenkonzentration ist die einfachste Konzentrationsangabe.
Beispiel: In Meerwasser sind 33 g/L NaCl enthalten.
Vorteil: Man hat direkt eine Massenangabe, die man abwiegen kann, um eine Lösung der gewünschten Konzentration herzustellen.
Stoffmengenkonzentration: Wenn man wässrige Lösungen verschiedener Stoffe miteinander vergleichen will, muss man die Konzentrationen auf die **Stoff*menge*** beziehen.
Beispiel: Eine Salzsäure-Lösung enthält 30 g HCl pro L, eine Bromwasserstoffsäure-Lösung 50 g HBr pro L. In welcher Lösung ist die Konzentration an H_3O^+-Ionen größer?

- 30 g HCl entsprechen 30 g : 36,5 g/mol ≈ 0,82 mol; also ist die Konzentration an H_3O^+-Ionen in der Salzsäure etwa 0,82 mol/L.
- 50 g HBr entsprechen 50 g : 80,9 g/mol ≈ 0,62 mol, also: 0,62 mol/L.

Folglich ist die Konzentration an H_3O^+-Ionen in der Salzsäure-Lösung *größer*, obwohl ihre Massenkonzentration *kleiner* ist als bei der Bromwasserstoffsäure-Lösung.

DAS MUSST DU WISSEN Angaben der Stoffmengenkonzentration in mol/L

Massen- und Stoffmengenkonzentrationen lassen sich ineinander umrechnen, wie im Beispiel oben gezeigt. Damit nicht genug: Vergleicht man die Konzentrationen zweier Säuren, muss man noch berücksichtigen, wie *viele Protonen* jede Säureart abgeben kann. Beispiel: Eine Salpetersäure- und eine Schwefelsäure-Lösung enthalten jeweils 10 g/L. In welcher Lösung ist die Konzentration an H_3O^+-Ionen größer?
Auch hier muss man zunächst die Stoffmengenkonzentrationen berechnen.
Zusätzlich muss man berücksichtigen, dass bei der Schwefelsäure pro mol H_2SO_4 *zwei* mol H_3O^+-Ionen entstehen, bei der Salpetersäure aber pro mol HNO_3 nur *ein* mol H_3O^+-Ionen.

- 10 g H_2SO_4 sind 10 g : 98,0 g/mol ≈ 0,102 mol, also 0,204 mol/L H_3O^+-Ionen.
- 10 g HNO_3 sind 10 g : 64,0 g/mol ≈ 0,156 mol, also 0,156 mol/L H_3O^+-Ionen.

Folglich ist hier die die Konzentration an H_3O^+-Ionen in der Schwefelsäure-Lösung größer, obwohl Schwefelsäure eine größere Molmasse hat als Salpetersäure.

3 **Wie viele Gramm NaOH muss man abwiegen, um 250 mL einer Natronlauge mit *c* (NaOH) = 0,5 mol/L herzustellen?**

4 **Wie viele Milliliter einer Natronlauge mit einer Konzentration von *c* (NaOH) = 20 g/L benötigt man zur vollständigen Neutralisation von 10 mL einer Schwefelsäure mit *c* (H_2SO_4) = 2 mol/L?**

Test

1 Chemische Reaktion von Natrium und Chlor |17|

(A) Ein Stückchen Natrium wird in Chlorgas gegeben. Man beobachtet eine sehr heftige Reaktion (Feuererscheinung) und es bleibt ein weißer, kristalliner Stoff zurück, der sich gut in Wasser löst. (B) Die wässrige Lösung leitet den elektrischen Strom. Gibt man einige Tropfen Silbernitrat-Lösung zu einer Probe dieser wässrigen Lösung, entsteht ein weißlicher Niederschlag. Dampft man eine Probe dieser wässrigen Lösung ein, bleiben farblose, würfelförmige Kristalle zurück. (C) Die besagte wässrige Lösung wird elektrolysiert. An der Anode beobachtet man, dass ein gelbgrünes, stechend riechendes Gas entsteht. An der Kathode entsteht ein farbloses, geruchloses Gas, dessen Dichte deutlich geringer ist als die von Luft und das eine positive Knallgasprobe ergibt.

a) Welche Farbe wird die in (A) beschriebene Flamme haben?
b) Erkläre Versuchsteil (A) mithilfe einer Reaktionsgleichung.
c) Es handelt sich bei (A) um eine Redoxreaktion. Kennzeichne Reduktion und Oxidation und notiere die Elektronenübergänge einzeln.
d) Erkläre die in Teil (B) beschriebenen Beobachtungen.
e) Notiere die Reaktionsgleichung für die in (C) beschriebene Anodenreaktion.
f) Welches Gas entsteht bei (C) an der Anode?
g) An der Kathode geschieht in (C) etwas Unerwartetes. Notiere die Reaktion, die du EIGENTLICH erwarten würdest. Erkläre dann, wieso die tatsächlich beobachtete Reaktion abläuft, und formuliere eine Reaktionsgleichung dafür.
h) Kann man den in (C) beschriebenen Vorgang als das „Aufladen eines Akkus" bezeichnen? Begründe deine Antwort.

2 Phosphor |4|

Das Element Phosphor existiert in mehreren Modifikationen. Eine davon, „Weißer Phosphor", besteht aus einzelnen, tetraederförmigen P_4-Molekülen. Eine andere, „Schwarzer Phosphor", enthält unendliche, gewellte Schichten aus verknüpften Phosphoratomen.

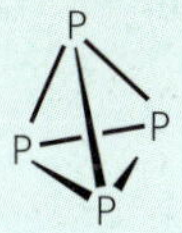

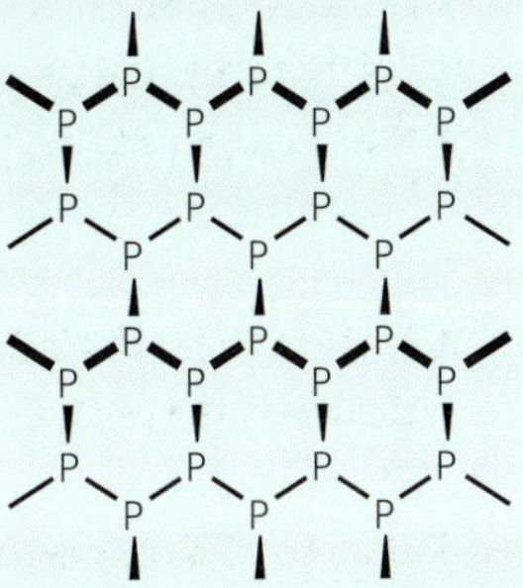

- Eine der beiden Modifikationen hat eine Schmelztemperatur von ca. 600 °C, die andere von 44 °C.
- Eine der beiden Modifikationen ist in unpolaren Lösungsmitteln löslich, die andere nicht.
- Eine der beiden Modifikationen ist hart, die andere weich.
- Die Dichtewerte betragen 1,82 g/cm³ bzw. 2,69 g/cm³.

Erstelle eine Tabelle, in der du die jeweiligen Eigenschaften den Modifikationen zuordnest.

3 Das „Zauber-Granulat“ |5|

Ein bekanntes Chemieunternehmen hat ein neuartiges Produkt auf den Markt gebracht: Ein „Zauber-Granulat“, das der Erde von Topfpflanzen zugesetzt werden soll.

Die ca. 2–3 mm großen Körnchen dieses Granulats quellen beim Kontakt mit Wasser stark auf; sie sollen mehr als das Hundertfache ihres Eigengewichts an Wasser aufnehmen können. Wird die Erde trocken, geben diese Körnchen das gespeicherte Wasser langsam wieder ab.

Die Abbildung rechts zeigt vereinfacht einen Ausschnitt aus der Struktur dieses Granulats: An langen fadenförmigen Kunststoff-Molekülen, die untereinander zu einem losen Netzwerk verknüpft sind, befinden sich zahlreiche OH-Gruppen. Wie könnte dieses Produkt funktionieren? Begründe deine Vermutungen, ggf. unter Zuhilfenahme einer Skizze.

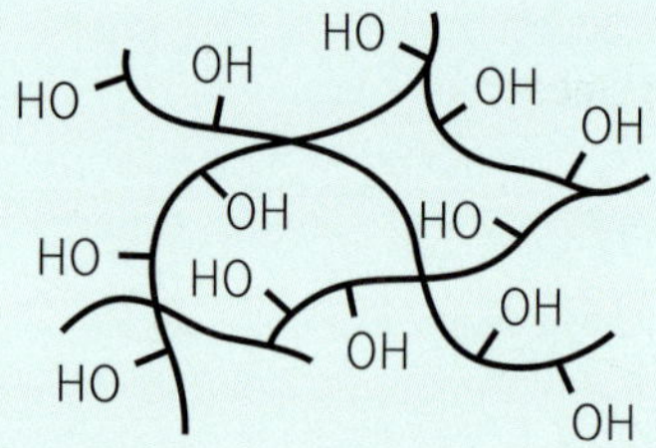

4 Säuren und Laugen |6|

Löst man HCl in Wasser, färbt die Lösung Universalindikatorpapier rot. Leitet man H_2 in Wasser, löst er sich kaum; die Lösung reagiert neutral. Löst man NaH in Wasser, färbt die Lösung Universalindikatorpapier blau und es entweicht ein farbloses, brennbares Gas. Erkläre diese Unterschiede.

||32||

Wie viele Punkte hast du? Erreichst du mehr als 26 Punkte, beherrschst du den Inhalt des Kapitels wirklich gut. Erreichst du weniger als 13 Punkte, dann solltest du dieses Kapitel wiederholen.

Besser in

Chemie Lösungsheft

Cornelsen SCRIPTOR

1./2. Lernjahr
Für alle Schularten

1 Arbeitstechniken in der Chemie

1.1 Sicheres Experimentieren

Übung 1 Seite 7

Chemikalien sollten stets nur in sehr geringen Mengen verwendet werden, denn:
- ▷ sie sind meistens sehr teuer,
- ▷ kleine Abfallmengen sind leichter zu entsorgen,
- ▷ wenn heftige Reaktionen wie z.B. Verpuffungen auftreten, ist die mögliche Gefährdung bei kleinen Stoffmengen wesentlich geringer,
- ▷ kleine verschüttete Mengen lassen sich leichter beseitigen,
- ▷ es dauert oft länger, Versuche mit großen Stoffmengen durchzuführen (z.B. wenn eine Flüssigkeit bis zum Sieden erhitzt werden soll).

Übung 2 Seite 7

a) Zum Erwärmen einer Flüssigkeit in einem Reagenzglas muss das Reagenzglas mit einer Reagenzglasklammer gehalten und bewegt werden. Dabei darf die Öffnung des Reagenzglases nicht auf Personen gerichtet sein.

b) Beim Experimentieren muss immer eine Schutzbrille getragen werden. Der Arbeitsplatz muss ordentlich sein. *Grund*: Ohne Schutzbrille ist das Verletzungsrisiko zu hoch. Bei Chaos am Arbeitsplatz geht leicht etwas schief: Gefäße fallen um usw.

c) Man darf nicht direkt am Gefäß riechen, sondern muss sich die Dämpfe zufächeln. *Grund:* Der Stoff könnte gesundheitsschädlich, ätzend oder Ähnliches sein.

d) Chemikalienreste dürfen nie in Vorratsbehälter zurückgeschüttet werden. *Grund:* Die teuren Vorräte werden verunreinigt. Falls man einen falschen Vorratsbehälter erwischt, kann es zu unerwarteten Reaktionen kommen.

Übung 3 Seite 7

a) Flamme, F: leicht entzündlich

b) Flamme, F: leicht entzündlich; Umwelt, N: umweltgefährlich

c) C: ätzend; oder Ausrufezeichen, Xi: reizend (bei stark verdünnter Salzsäure)

1.2 Protokollführung

Übung 1 Seite 9

1. **Fragestellung:** Was geschieht beim Erhitzen von Zinkoxid?
2. **Material:** a) Geräte: Reagenzglas, Reagenzglasklammer, Brenner; b) Chemikalien: Zinkoxid
3. **Durchführung:** Das zu etwa einem Drittel mit Zinkoxid gefüllte Reagenzglas wird mit dem unteren Teil in die heiße Zone der Brennerflamme gehalten.
4. **Beobachtungen:** Das weiße, pulvrige Zinkoxid wird von unten her gelb. Bei längerem Erhitzen wird der gesamte Inhalt des Reagenzglases gelb. Nach dem Herausnehmen des Reagenzglases aus der Flamme geht die Gelbfärbung langsam zurück. Nachdem alles wieder abgekühlt ist, sieht der Inhalt des Reagenzglases wieder aus wie zu Beginn des Versuchs: ein weißes, trockenes Pulver.
5. **Auswertung:** Zinkoxid ist bei hohen Temperaturen gelb, bei Zimmertemperatur weiß. Seine Stoffeigenschaft „Farbe“ ändert sich also in Abhängigkeit von der Temperatur. In diesem Versuch bleibt der Stoff Zinkoxid unverändert.

2.1 Was sind Stoffe?

Übung 1 Seite 10

Eisen, Wasser und Sauerstoff kann man (ewig) in Gefäßen aufbewahren, auch haben alle drei eine Masse, daher gehören sie zu den Stoffen. Eine Flamme wird irgendwann ausgehen, wenn man sie aufbewahren wollte. Licht und Schall können ebenso wenig aufbewahrt werden, diese sind also keine Stoffe.

Übung 2 Seite 10

Ja, heißes Gold verändert seine Masse nicht, damit kann Wärme kein Stoff sein.

Übung 3 Seite 10

Ein Stoff, der sich *nicht* in einer Flamme verändert (z. B. ein Edelmetall), wird in ein Feuer gehalten und die Masse bestimmt; oder eine brennende Kerze wird in einem Gefäß aufbewahrt.

2.2 Wie beschreibe ich Stoffe?

Übung 1 Seite 11

Nagel, Löffel, Blech, Becher, Flasche, Kiste ...

Übung 2 Seite 11

Teller, Schrank, Brett, Sägespäne, „Wolle", Pulver

Übung 3 Seite 12

gelb, glänzend, fest, biegsam, nicht magnetisch, gut wärme- und stromleitend

Übung 4 Seite 12

schwarz, glänzend, salzig, giftig. Die anderen Eigenschaften beschreiben die Form. Schwer steht für Masse, dies ist auch keine für die Chemie wichtige Stoffeigenschaft. Es ist also egal, ob ich 5 kg Gold habe oder nur 1 g.

Übung 5 Seite 12

Knetmasse kann ich nicht so zusammendrücken, dass das Volumen oder der Raum, den der Stoff ausfüllt, kleiner wird. Die Masse quillt nur woandershin. Knete ich nicht, so bleibt der Knetklumpen in seiner Form. Damit sind alle Merkmale für einen Feststoff erfüllt (vgl. Tabelle S. 12).

Übung 6 Seite 12

Beides sind Feststoffe, nur die Form ist unterschiedlich.

Übung 7 Seite 12

Wenn du einen Eiswürfel zerkleinerst, dann sind die kleinen Brocken eher weiß. Das hat was mit Physik zu tun! Geht Licht ungehindert durch einen Körper, dann erscheint er farblos. Besteht ein solcher Stoff aus sehr vielen kleinen Körpern, wie z. B. Schnee aus vielen Schneekristallen besteht, dann wird das durchgehende Licht an den Körpergrenzen sehr oft gebrochen und reflektiert, dies gibt den Gesamteindruck weiß. Diese Erscheinung hast du bei allen farblosen Stoffen, so ist ein Kochsalzkristall farblos, fein gemahlenes Kochsalz ist dagegen weiß.

Übung 8 Seite 13

$\text{Wasser}_{(g)}$, $\text{Wasser}_{(s)}$, $\text{Kochsalz}_{(aq)}$, $\text{Eisen}_{(l)}$, $\text{Schwefel}_{(g)}$ und $\text{Zucker}_{(aq)}$

Übung 9 Seite 14

Laut Tabelle (s. S. 14) lösen sich bei 20 °C 51,9 g Harnstoff in 100 mL Wasser. Nach Zugabe von 11,9 g zu den bereits vorhandnen 40 g entsteht eine gesättigte Lösung. Mehr Harnstoff kann die Lösung bei der Temperatur nicht mehr aufnehmen. Die letzten 3,1 g setzen sich als Feststoff auf dem Boden des Gefäßes ab.

Übung 10 Seite 14

a) Laut Tabelle auf S. 14 lösen sich 35,89 g Kochsalz in 100 mL Wasser. 1 Liter sind 1000 mL, also 10-mal so viel. Damit lösen sich 358,9 g Kochsalz in 1 Liter bei 20 °C. Für Rübenzucker sind es 2 381 g in 1 000 mL, in einem halben Liter (= 0,5 L) sind es dann noch 1 190,5 g.
b) Bei 30 °C löst sich um die Hälfte weniger Sauerstoff als bei 0 °C. Die Fische leiden unter Sauerstoffmangel!

Übung 11 Seite 14

Blaukraut und Rotkohl sind dieselbe Pflanze. Der Farbstoff in dem Kohl ist aber ein Indikator: Er ist blau in alkalischen, rot in sauren Lösungen.

Übung 12 Seite 15

Magensäure ist stark sauer, Regenwasser ist schwach sauer und Sodawasser ist mäßig alkalisch.

Übung 13 Seite 15

Unterhalb der Schmelztemperatur liegt ein Stoff fest vor, oberhalb davon – aber noch unterhalb der Siedetemperatur – ist er flüssig, oberhalb der Siedetemperatur ist er gasförmig. Gehen wir bei der Zimmertemperatur von 20 °C aus:

- ▷ Für Kupfer liegt die Zimmertemperatur deutlich unterhalb der Schmelztemperatur von 1 084 °C, Kupfer ist fest.
- ▷ Bei Trinkalkohol liegt die Zimmertemperatur höher als die Schmelztemperatur von −114 °C, aber niedriger als die Siedetemperatur von 78,4 °C. Alkohol ist flüssig bei 20 °C.
- ▷ Bei Methan liegt die Zimmertemperatur von 20 °C deutlich über der Siedetemperatur von −161 °C, Methan ist gasförmig.
- ▷ Für die anderen Stoffe werden die Zustände in Kurzform als Index angegeben: $\text{Helium}_{(g)}$, $\text{Chlor}_{(g)}$, $\text{Kochsalz}_{(s)}$, $\text{Traubenzucker}_{(s)}$ und $\text{Essigsäure}_{(l)}$.

Übung 14 Seite 15

400 °C liegt oberhalb der Schmelztemperatur, d. h., festes Blei schmilzt bei 327 °C und liegt dann flüssig vor. a) und d) sind richtig.

Übung 15 Seite 17

Die Masse ist gesucht, die Formel muss so umgestellt werden, dass ***m*** alleine steht. Hierzu halte das *m* mit dem Daumen im Dreieck zu, ϱ (kein p, sondern der griechische Buchstabe rho, der für die Dichte steht) und *V* stehen unten nebeneinander, d. h., $\boldsymbol{m = \varrho \cdot V}$. Jetzt kannst du die Dichte der Stoffe aus der Tabelle auf S. 16 ablesen und mit der Volumenangabe aus der Aufgabe malnehmen.

a) m = 1 000 Liter · 0,19 g/Liter = 190 g Helium
b) 6,48 g Kochsalz
c) 2,877 g Essigsäure

Übung 16 Seite 17

Diesmal ist das Volumen gesucht. Stelle die Formel wieder um, halte dazu das *V* im Dreieck zu und es ergibt sich: $V = m : \varrho$. Setzen wir jetzt wieder die Massenwerte aus der Aufgabe bzw. die Werte der Dichten aus der Tabelle auf S. 16 ein, so erhalten wir die Volumenwerte.

a) 500 g : 8,96 g/cm³ ≈ 55,8 cm³ Kupfer
b) Achte auf die Einheit g/Liter, 7,8 g Methan haben damit ein Volumen von ca. 10,54 Litern
c) ca. 430,4 cm³ Trinkalkohol

Übung 17 Seite 17

Dichte = Masse : Volumen = $m : V$
= 164,1 g : 8,5 m³ = ca. 19,3 g/cm³.
Gold hat eine Dichte von 19,3 g/cm³.

Übung 18 Seite 17

Die 1-Cent-Münze hat eine Dichte von 2,30 g : 0,35 m³ = 6,57 g/cm³. Kupfer hat eine Dichte von 8,96 g/cm³. Die Münze ist nur von einer dünnen Kupferschicht überzogen, der Kern enthält einen weniger dichten Stoff (Der Kern besteht aus Stahl.).

Übung 19 Seite 17

Die hervorgehobenen Stoffe (Helium, Chlor, Methan) sind Gase, die Dichte bei Gasen wird in Gramm pro Liter (g/L) angegeben.

Übung 20 Seite 18

a) Quecksilber ist das einzige Metall, das bei Zimmertemperatur flüssig ist. Kupfer und Gold unterscheiden sich in der Farbe (Kupfer: rotbraun, Gold: gelb) von den anderen grauen Metallen.
b) In der Hitze bildet sich aus Zink eine Zinkasche, die in der Hitze gelb ist. Bei Eisen bildet sich eine grauschwarze Eisenasche.
c) Die Farbe hilft wenig weiter, da alle angegebenen Metalle grau aussehen. Mithilfe der Massen- und Volumenangabe lässt sich die Dichte berechnen:
ϱ = 15,43 g : 5,7 m³ = ca. 2,7 g/cm³. Dies spricht eindeutig für Aluminium.

Übung 21 Seite 18

Kochsalz ist ein farbloser/weißer Feststoff, der salzig schmeckt und gut wasserlöslich ist. Er liegt in Kristallform vor (mit der Lupe oder besser noch unter dem Mikroskop sieht man viele kleine Würfel), seine Löslichkeit liegt bei 20 °C bei 35,89 g pro 100 mL Wasser. Die Löslichkeit nimmt mit der Temperatur nur sehr wenig zu. Kochsalz schmilzt bei 800 °C und siedet bei 1 465 °C. Seine Dichte beträgt bei Zimmertemperatur 2,16 g/cm³.

2.4 Das Teilchenmodell

Übung 1 Seite 20

Biologie: Modell eines Auges, einer Zelle, einer Blüte; Geografie: Landkarte, Modell eines Deiches oder eines Vulkans.

Übung 2 Seite 20

Wirklichkeitsnah: Form und Gestalt
Nicht der Wirklichkeit entsprechend: Stoff (Kunststoff statt Metall); Funktionstüchtigkeit; Größe.
Durch den Modellbauer verändert: Modell ist z. B. eingefärbt oder hängt an Schnüren.

Übung 3 Seite 21

Übung 4 Seite 22

Gut: Die Teilchen sind einzeln gezeichnet und haben einen großen Abstand zueinander.
Nicht zu sehen: Die Teilchen sind in ständiger Bewegung und werden im gasförmigen Zustand nicht geordnet vorliegen.

Übung 5 Seite 22

Nichts.

Übung 6 Seite 22

Hier liegt ein Stoff, bestehend aus rautenförmigen Teilchen, sowohl als Feststoff als auch als Flüssigkeit vor. Damit kommt nur e) infrage. Eis und Wasser bestehen aus denselben Teilchen.

Übung 7 Seite 22

In einem warmen Raum bewegen sich die Teilchen schneller, daher kann das Parfüm sich auch rascher verteilen.

Übung 8 Seite 22

Schmelzen: Durch Energiezufuhr können sich alle Teilchen aus dem festen Verband lösen.
Verdampfen: Durch Energiezufuhr treten nach und nach alle Teilchen aus der Flüssigkeit in die Luft über.
Resublimieren: Gasförmige Teilchen verdichten sich beim Abkühlen zu einem Feststoff.

2.5 Reinstoffe und Stoffgemische

Übung 1 Seite 25

Beim Nebel sind kleine Flüssigkeitströpfchen in einem Gas verteilt, beim Schaum sind Gase von einer Flüssigkeit blasenförmig umgeben.

Übung 2 Seite 25

Salzwasser: Salz in Wasser gelöst = Lösung; Bronze ist eine Legierung aus Kupfer und Eisen; Kompost ist schwierig: Im einfachsten Fall liegen mehrere Feststoffe nebeneinander vor = Gemenge.

Übung 3 Seite 25

Vollmilchschokolade hat einen Temperaturbereich, in dem sie schmilzt. Die Werte variieren stark: zwischen 25 und 30 °C findet man die häufigsten Angaben. Vollmilchschokolade ist damit ein Stoffgemisch, das keine feste Schmelztemperatur hat.

Übung 4 Seite 25

Zahnpasta ist ein Gemisch. Wenn mehrere Farben zu sehen sind, dann ist es augenscheinlich ein heterogenes Gemisch. Ansonsten wäre es auch ein homogenes Gemisch.
Blei ist ein Metall und damit ein Reinstoff.
Milch ist ein Gemisch aus vielen unterschiedlichen Stoffen (Wasser, Salze, Fette), unter dem Mikroskop sieht man die Fetttröpfchen = heterogenes Gemisch.
Zucker ist ein Reinstoff, genauso wie Sauerstoff und Zink.
Biogas und Luft sind homogene Gasgemische.
Müsli ist ein heterogenes Stoffgemisch (Gemenge).

Übung 5 Seite 25

Stahl: Hauptanteil ist Eisen, weniger als 2 % bestehen aus Kohlenstoff.
Sterlingsilber: Besteht zu 92,5 % aus Silber und zu 7,5 % aus anderen Metallen, hauptsächlich Kupfer.

2.6 Trennverfahren

Übung 1 Seite 25

a) Sand und Eisenpulver = Gemenge. Eisen ist magnetisch, Sand nicht. Magnetsieben bietet sich laut Tabelle Seite 26 an!
b) Salzwasser ist eine Lösung, aufgrund der sehr unterschiedlichen Siedetemperaturen (Wasser:

100 °C; Kochsalz: 1 465 °C) bietet sich Eindampfen oder Destillation an: Beim Eindampfen bleibt das Kochsalz zurück, bei der Destillation wird der Wasserdampf wieder kondensiert.

c) Orangensaft mit Fruchtfleisch (Fruchtfleisch hat eine höhere Dichte als Saft und sinkt nach unten ab) ist eine Suspension. Hier bietet sich Dekantieren an, also warten, bis sich das Fruchtfleisch unten abgesetzt hat.

Test

Übung 1 — Seite 26

„König Karl besaß einen Edelstein, den er vor vielen Jahren einem Kaufmann aus dem Orient für mehr als 2 000 Goldstücke abgekauft hatte. Der Edelstein war grünlich, ließ das Licht etwas durch und war in ovaler Form geschliffen, dies war typisch für einen bekannten Edelsteinschleifer der damaligen Zeit. Selbst größte Hitze konnte dem Stein nichts anhaben. Und der Stein war so hart, dass selbst eine scharfe Klinge keine Spuren zu hinterlassen vermochte. Leider verlor der König ihn auf einer seiner Reisen.“ [pro richtiges Unterstreichen 1 P, pro falsches Unterstreichen 1 P Abzug].

Erläuterung: Farbe, Lichtdurchlässigkeit, Verhalten in der Hitze und die Härte gehören zu den Stoffeigenschaften, die in der Chemie wichtig sind.

Übung 2 — Seite 26

a) Mit der Zeit verdunstet ein Teil des Wassers aus der gesättigten Lösung [1 P]; damit steht für einen Teil des Stoffs nicht mehr genug Lösungsmittel zur Verfügung [1 P]. Dieser Teil setzt sich als Feststoff auf dem Kristall ab und vergrößert ihn dadurch [1 P].

b) Auf der warmen Fensterbank erwärmt sich die Lösung zunehmend [1 P]. Da die Löslichkeit des Stoffs temperaturabhängig ist und mit steigender Temperatur bei einem Feststoff in der Regel zunimmt [1 P], kann die Lösung mehr Feststoff aufnehmen und der Kristall als einziger Feststoff in der Lösung löst sich teilweise auf. Dadurch verliert er an Größe und fällt aus dem Bindfaden [1 P].

Übung 3 — Seite 27

a) Chlorgas besitzt eine Farbe: es ist grünlich [1 P].

b) Es könnten die Gase Stickstoff, Chlor und Kohlenstoffdioxid sein, da in allen drei Fällen der brennende Holzspan erlischt [1 P]. Durch die Massen- und Volumenangabe kann die Dichte berechnet werden [1 P]:
$\varrho = 7{,}3\,g : 4\,L = 1{,}825\,g/L$ [1 P];
die Dichte stimmt sehr gut mit der von Kohlenstoffdioxid überein. Es handelt sich um Kohlenstoffdioxid [1 P].

Übung 4 — Seite 27

a) Suspension: Stoffgemisch aus einem festen und einem flüssigen Stoff [1 P]

b) Nebel: kleinste Flüssigkeitstropfen des einen Stoffs sind im gasförmigen zweiten Stoff verteilt [1 P].

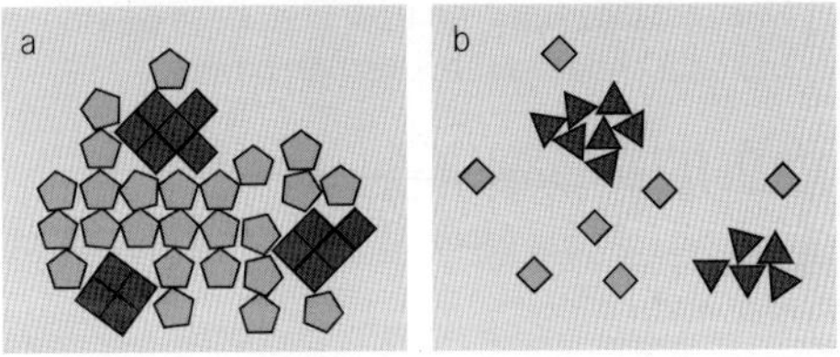

(In den Zeichnungen sollten die Aggregatzustände deutlich erkennbar sein, außerdem sollten zwei Reinstoffe zu sehen sein! Je Skizze: 2 P)

Übung 5 — Seite 27

Eisen ist als einziger der Stoffe magnetisch [1 P]: Mischung mit einem Magneten durchsieben (Magnetsieben) [1 P]; Wasser hinzugeben [1 P]: Sand ist wasserunlöslich und setzt sich aufgrund der hohen Dichte am Boden ab [1 P], Kochsalz löst sich in Wasser auf [1 P] und Holz schwimmt wegen der geringen Dichte oben auf [1 P]. Holzstückchen abschöpfen [1 P], Sand-Kochsalzlösung filtrieren [1 P], im Rückstand befindet sich Sand. Das Filtrat eindampfen und es bleibt Kochsalz zurück [1 P].

3.1 Was ist eine chemische Reaktion?

Übung 1 Seite 28

Rotes Kupfer kann nicht schwarz werden. Hier hat eine Stoffumwandlung stattgefunden. Aus dem Stoff Kupfer ist ein neuer Stoff entstanden, dessen eine Stoffeigenschaft schwarz ist.

3.2 Energiebetrachtung

Übung 1 Seite 30

a) Das Anzünden liefert die Aktivierungsenergie, damit die Sauerstoff- und Papierteilchen reaktionsbereit werden. Anschließend liefert die Verbrennung selbst genügend Energie, es ist also eine exotherme Reaktion.
b) Die Hefe wird als Katalysator eingesetzt, um die Reaktion zu ermöglichen. Nach der Reaktion liegt sie unverändert vor und kann abgetrennt werden.
c) Das ständige Erhitzen bedeutet, dass es sich um eine endotherme Reaktion handelt.

3.3 Verbrennungsvorgänge

Übung 1 Seite 32

Reaktion von Kupfer:
Kupfer$_{(s)}$ + Sauerstoff$_{(g)}$ $\xrightarrow{\Delta}$ Kupferoxid$_{(s)}$; exotherm.
In Worten: Festes Kupfer und gasförmiger Sauerstoff reagieren in der Hitze in exothermer Reaktion zu festem Kupferoxid.
Reaktion von Magnesium:
Magnesium$_{(s)}$ + Sauerstoff$_{(g)}$ $\xrightarrow{\Delta}$ Magnesiumoxid$_{(s)}$; exotherm.
In Worten: Festes Magnesium und gasförmiger Sauerstoff reagieren in der Hitze in exothermer Reaktion zu festem Magnesiumoxid.
Es findet *bei Platin keine Reaktion* statt, da Platin nach dem Erhitzen unverändert vorliegt.
In der Wortgleichung schreibt man:
Platin$_{(s)}$ + Sauerstoff$_{(g)}$ $\not\rightarrow$

Übung 2 Seite 33

Um Eisen aus Eisenoxid herzustellen, benötigt man ein Metall, das ein größeres Bindungsbestreben zu Sauerstoff hat als Eisen. Von den hier angegebenen Metallen sind das Zink und Aluminium. Wortgleichungen:

▷ Eisenoxid$_{(s)}$ + Aluminium$_{(s)}$ → Aluminiumoxid$_{(s)}$ + Eisen$_{(s)}$; exotherm
Eisenoxid gibt den Sauerstoff ab und wird reduziert zu Eisen, Aluminium nimmt den Sauerstoff auf und wird oxidiert zu Aluminiumoxid.

▷ Eisenoxid$_{(s)}$ + Zink$_{(s)}$ → Zinkoxid$_{(s)}$ + Eisen$_{(s)}$; exotherm
Eisenoxid gibt den Sauerstoff ab und wird reduziert zu Eisen, Zink nimmt den Sauerstoff auf und wird oxidiert zu Zinkoxid.

Übung 3 Seite 33

Wortgleichung der Fotosynthese:
Kohlenstoffdioxid$_{(g)}$ + Wasser$_{(l)}$ $\xrightarrow{\text{Sonnenlicht, grüne Blätter}}$ Traubenzucker$_{(s)}$ + Sauerstoff$_{(g)}$
Wortgleichung der Atmung: Jetzt sind die Endstoffe der Fotosynthese die Ausgangsstoffe der Atmung, da es die umgekehrte Reaktion ist.
Traubenzucker$_{(s)}$ + Sauerstoff$_{(g)}$ → Kohlenstoffdioxid$_{(g)}$ + Wasser$_{(l)}$;
Die Atmung ist exotherm! Bei der Fotosynthese wird Energie in Form von Sonnenlicht benötigt. In der umgekehrten Reaktion muss dieser Energiebetrag wieder frei werden.

Übung 4 Seite 33

Zeichnung:

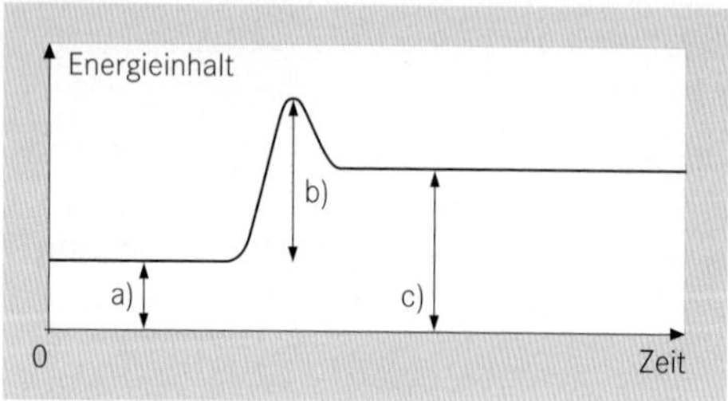

Erklärung:
a) niedriger Energieinhalt der Ausgangsstoffe;
b) aufzubringende Aktivierungsenergie, damit die Reaktion erfolgen kann;
c) hoher Energieinhalt der Endstoffe.
Die Reaktion ist daher endotherm.

Übung 5 Seite 33

Bei einer Mischung liegen die Stoffe noch getrennt vor, durch geeignete Verfahren können Kupfer und Schwefel getrennt werden. So könnte man Schwefel durch ein geeignetes Lösungsmittel lösen und damit vom Kupfer abtrennen. Durch das Erhitzen hat eine chemische Reaktion eingesetzt. Kupfer- und Schwefelteilchen haben sich jetzt einheitlich vermischt und so stark verbunden, dass man sie nicht mehr mit einfachen Trennverfahren trennen kann. Durch die Verbindung ist ein neuer Stoff mit ganz neuen Stoffeigenschaften (z. B. Farbe) entstanden.

3.4 Element und Verbindung – Synthese und Analyse

Übung 1 Seite 34

Wortgleichungen:
Silberoxid$_{(s)}$ → Silber$_{(s)}$ + Sauerstoff$_{(g)}$
Magnesiumoxid$_{(s)}$ → Magnesium$_{(s)}$ + Sauerstoff$_{(g)}$

Bei der Analyse wird eine Verbindung in ihre Bestandteile zerlegt. Silberoxid wird in die Elemente Sauerstoff und Silber zerlegt, die selbst nicht weiter zerlegt werden können (daher Elemente oder Grundstoffe). Magnesiumoxid kann in die Elemente Magnesium und Sauerstoff zerlegt werden. Die Synthese wäre die umgekehrte Reaktion: Magnesium und Sauerstoff verbinden sich zu Magnesiumoxid bzw. Silber und Sauerstoff zu Silberoxid.

Übung 2 Seite 34

Wortgleichung: Stickstoff$_{(g)}$ + Wasserstoff$_{(g)}$ → Ammoniak$_{(g)}$; endotherm.
Analyse: Ammoniak$_{(g)}$ → Stickstoff$_{(g)}$ + Wasserstoff$_{(g)}$; exotherm.

Übung 3 Seite 34

Wortgleichung:
Wasser$_{(g)}$ + Magnesium$_{(s)}$ → Magnesiumoxid$_{(s)}$ + Wasserstoff$_{(g)}$; exotherm.
Wasser ist eine Verbindung, bei der sich die Elemente Wasserstoff und Sauerstoff verbunden haben. Dies ist daran zu erkennen, dass aus dem Magnesium eine Magnesium-Sauerstoff-Verbindung und zusätzlich noch Wasserstoff entstanden sind. Sauerstoff und Wasserstoff können aber nur aus dem Wasser kommen. Wäre Wasser ein Element, so hätte es sich mit Magnesium zu einem neuen Stoff verbunden. Es hätte aber niemals noch ein weiterer Stoff entstehen können.

Test

Übung 1 Seite 35

a), c) und h):
Hier ändern sich nur die Zustände der Stoffe (Wasser wird gasförmig, festes Kochsalz löst sich und festes Blei schmilzt) → keine chemische Reaktion.

b) Platin gehört zu den Edelmetallen und verändert sich auch in der Hitze nicht → keine chemische Reaktion.

d), e) und g):
Es entstehen neue Stoffe mit neuen Stoffeigenschaften (in der Milch bilden sich Stoffe, die saure Eigenschaften haben; aus Papier bilden sich gasförmige Stoffe und schwarze Asche; Blätter verändern die Farbe, die Farbstoffe müssen sich umgewandelt haben) → chemische Reaktion.

f): Beim Zerhacken ändert sich nur die Form des Holzes → keine chemische Reaktion.

[Bewertung: 1 P pro richtiges Ankreuzen: d, e und g = 3 P; acht Begründungen = 8 P]

Übung 2 Seite 35

Die Reaktion ist exotherm, da die Ausgangsstoffe einen höheren Energieinhalt besitzen als die Endstoffe [1 P].
Im rechten Diagramm wurde ein Katalysator hinzugegeben [1 P], dies erkennt man daran, dass die Aktivierungsenergie (umgangssprachlich: „der Berg in der Kurve") niedriger ist [1 P], was eben durch den Katalysator verursacht wird.

Übung 3 Seite 35

a) *Wortgleichung 1.*
Versuch: Blei$_{(s)}$ + Sauerstoff$_{(g)}$ → Bleioxid$_{(s)}$; endotherm (endotherm, weil man ständig erhitzen muss). [Angabe der Stoffe Blei, Sauerstoff und Bleioxid je 1 P, Angabe der Zustände und endotherm je 0,5 P = 5 P]
Wortgleichung 2.
Versuch: Blei$_{(s)}$ → Blei$_{(l)}$ (keine chemische Reaktion, es ändert sich nur der Zustand des Stoffs.) [Angabe wie dargestellt oder durchgestrichener Reaktionspfeil: 1 P] Im zweiten Versuch fehlt der Reaktionspartner Sauerstoff [1 P].

b) Der Sauerstoff aus dem Bleioxid muss auf einen Stoff mit höherem Bindungsbestreben für Sauerstoff in einer Redoxreaktion übertragen werden [1 P]. Als Reaktionspartner bieten sich relativ unedle Metalle [1 P] wie Zink oder Aluminium an.
Beispiel: $Bleioxid_{(s)}$ + $Zink_{(s)}$ → $Zinkoxid_{(s)}$ + $Blei_{(s)}$; exotherm [2 P]. Zink entreißt den chemisch gebundenen Sauerstoff dem Bleioxid, Zink wird oxidiert [1 P]. Bleioxid gibt den chemisch gebundenen Sauerstoff an das Zink ab, Bleioxid wird reduziert [1 P]. In einer Redoxreaktion laufen Reduktion und Oxidation gemeinsam ab [1 P].

Übung 4 Seite 35

a) Bei einer Mischung liegen die Stoffe noch getrennt vor, durch geeignete Verfahren können Zink und Schwefel getrennt werden [1 P]. Durch das Erhitzen hat eine chemische Reaktion eingesetzt [1 P]. Kupfer- und Schwefelteilchen haben sich jetzt einheitlich vermischt und so stark verbunden, dass man sie nicht mehr mit einfachen Trennverfahren trennen kann [1 P]. Durch die Verbindung ist ein neuer Stoff mit ganz neuen Stoffeigenschaften (z. B. Farbe) entstanden [1 P].

b) Synthesereaktion (aus den Elementen entsteht eine Verbindung) [1 P]: $Zink_{(s)}$ + $Schwefel_{(s)}$ → $Zinksulfid_{(s)}$ [1 P]. Analyse wäre die umgekehrte Reaktion, bei der aus der Verbindung die Elemente entstehen [1 P]: $Zinksulfid_{(s)}$ → $Zink_{(s)}$ + $Schwefel_{(s)}$ [1 P]; richtig ist auch, wenn Analyse und Synthese in einer Wortgleichung durch Kennzeichnung auf den Reaktionspfeilen angegeben sind.

4 Grundlegende Theorien

4.1 Chemische Grundgesetze

Übung 1 Seite 36

Im Reaktionsprodukt Magnesiumoxid müssen sich jetzt die 8 g Sauerstoff und die 12,05 g Magnesium befinden, also 20,05 g Magnesiumoxid.

Übung 2 Seite 37

Einwaage Kupfer [g]	Gebundener Sauerstoff [g]	Reaktionsprodukt [g]
10	2,5	12,5 (*)
2	0,5 (■)	2,5 (*)
80 (▲)	20 (▲)	100

Erklärung der Rechenwege:

▷ 12,5 g (*); Massenerhaltung: Wenn 10 g Kupfer 2,5 g Sauerstoff binden, muss das Reaktionsprodukt 12,5 g wiegen. (Für 2,5 g (*) geht es genauso!)

▷ 0,5 g (■): Aus der ersten Zeile weiß ich die Massenangaben: 10 g Kupfer binden 2,5 g Sauerstoff; Massenverhältnis ausrechnen: 10 : 2,5. Das Massenverhältnis von Kupfer zu Sauerstoff liegt bei 4 : 1. Ich benötige also viermal mehr an Kupfer wie an Sauerstoff oder ein Viertel der Masse von Kupfer an Sauerstoff. Ein Viertel von 2 g Kupfer (s. Aufgabe) sind 0,5 g Sauerstoff.

▷ 80 g (▲) Kupfer und 20 g Sauerstoff: Betrachte ich die Gesamtmasse an Reaktionsprodukt (hier 100 g), dann kann ich aus dem Massenverhältnis 1 : 4 sehen, dass 1 Massenanteil Sauerstoff und 4 Massenanteile Kupfer reagieren. Insgesamt befinden sich in den 100 g Reaktionsprodukt 5 Massenanteile - nämlich 1 Massenanteil Sauerstoff und 4 Massenanteile Kupfer. 100 g in 5 gleiche Massenanteile zerlegt: 20 g. Also 20 g Sauerstoff und viermal so viel Kupfer (80 g) haben reagiert.

Übung 3 Seite 38

a) Massenverhältnisse ausrechnen; 2 : 2 = 1 (Schwefel) und 4 : 2 = 2 (Zink).
Tipp: Denke an den *Mathetrick*. Beide Zahlen durch die kleinere der beiden teilen! Das Massenverhältnis von Schwefel zu Zink beträgt 1 : 2. Ich brauche also doppelt so viel Zink wie Schwefel. Wenn ich 10 g Schwefel habe, benötige ich 20 g Zink.

b) Massenverhältnisse ausrechnen:
6 : 6 = 1 (Kohlenstoff) und 16 : 6 = 2,67 (Sauerstoff). Für 1 g Kohlenstoff benötige ich die 2,67-fache Menge an Sauerstoff: 2,67 g.
c) Massenverhältnisse ausrechnen:
0,14 : 0,14 = 1 (Stickstoff) und 0,32 : 0,14 = 2,29 (Sauerstoff). Für 1 g Stickstoff benötige ich 2,29 g Sauerstoff. Hier hilft die proportionale Zuordnung:

1 g Stickstoff	Gebundener Sauerstoff
↓ : 2,29	↓ : 2,29 g
1 g : 2,29 = 0,44 g	2,29 g : 2,29 = 1 g
↓ · 0,16	↓ · 0,16
0,44 g · 0,16 = 0,07 g	1 g · 0,16 = 0,16 g

2. Möglichkeit: 0,07 g Stickstoff reagieren mit 0,16 g Sauerstoff. Vielleicht hast du ja schon gesehen, dass 0,16 g genau die Hälfte von 0,32 g Sauerstoff ist, also brauche ich von 0,14 g Stickstoff auch genau die Hälfte, also 0,07 g.

4.2 Die Welt der Atome

Übung 1 Seite 41

M gesucht: *M* zuhalten, kleines *m* steht über kleinem *n*, also $M = m : n$.
m gesucht: Kleines *m* zuhalten, *n* und *M* stehen nebeneinander, also: $m = n \cdot M$.

Übung 2 Seite 41

a) Laut Atommassentabelle auf S. 40 wiegt ein Iodatom 126,9 u und 1 Goldatom 197,0 u; also wiegen 2 Goldatome doppelt so viel: 394 u und 1 Uranatom wiegt 238 u, 10 Uranatome wiegen 2 380 u.
b) Achtung: Jetzt sind es Mol Atome! Habe ich Mol, dann verändert sich die Masseneinheit zu Gramm. Die Masseneinheiten sind die gleichen wie in a), damit ergibt sich: 1 mol Iodatome wiegen 126,9 g, 2 mol Goldatome wiegen 394 g und 10 mol Uranatome wiegen 2 380 g.

Übung 3 Seite 41

Stoffmenge ***n*** ist gesucht, dann bleibt die Formel $n = m : M$ (*n* steht ja schon alleine!).
Einsetzen der Massenangaben (*m*) und der Atommassen laut Tabelle auf S. 40!

Für 1 g Wasserstoff mit *M*(H) = 1 g/mol ergibt sich 1 mol Wasserstoffatome.
0,8 g Sauerstoff mit *M*(O) = 16 g/mol:
n = 0,8 : 16 = 0,05 mol Sauerstoffatome.
0,401 g Calcium mit *M*(Ca) = 40,1 g/mol:
n = 0,401 : 40,1 = 0,01 mol Calciumatome.
2,3 g Natrium mit *M*(Na) = 23 g/mol:
n = 2,3 : 23 = 0,1 mol Natriumatome.

Übung 4 Seite 41

301 Trilliarden sind die Hälfte von 602 Trilliarden, also 0,5 mol! 1 mol wiegt doppelt so viel wie 47,97 g: 1 mol Molybdänatome wiegen 95,94 g. 1 Molybdän-Atom wiegt 95,94 u.

Übung 5 Seite 43

Du musst zuerst die Anzahl der Atome = Stoffmenge *n* berechnen. Die Stoffportion *m* ist vorgegeben, die Atommasse *M* erhältst du aus dem Periodensystem oder der Tabelle auf S. 40.
a) Die Anzahl der Atome in 5 g Stickstoff: *n* (N) = 5 g : 14,0 g/mol = 0,357 mol. Die Anzahl der Atome in 5,71 g Sauerstoff: *n* (O) = 5,71 g : 16,0 g/mol = 0,357 mol. Beide Zahlen sind identisch, d. h., 0,357 mol N-Atome reagieren mit 0,357 mol O-Atomen. Das Verhältnis beträgt 1 : 1, die Formel lautet NO [oder ON, Formeln kommen ja erst unter Kapitel 4.3!].
b) *n* (Ca) = 0,05 mol; *n* (Cl) = 0,1 mol; beide Zahlen durch die kleinere der beiden teilen, für Ca: 0,05 : 0,05 = 1; für Cl: 0,1 : 0,05 = 2; die Verhältnisformel lautet $CaCl_2$.
c) *n* (H) = 2 mol; *n* (Br) = 2 mol; Verhältnis 1 : 1; die Verhältnisformel ergibt HBr.
d) *n* (S) = 0,01 mol; *n* (F) = 0,06 mol; Verhältnis 1 : 6, dies führt zu SF_6.

Übung 6 Seite 45

Anwendung der Avogadro-Hypothese: Bei Raumtemperatur und Normaldruck liegen in 24 L 1 mol Teilchen vor, Brom gehört zu den Molekülverbindungen, die kleinste Baueinheit ist das Br_2-Molekül. 1 mol Br_2-Moleküle enthalten 2 mol Brom-Atome.
Nach $m = n \cdot M$ ergibt sich für $m(Br_2) = 2 \cdot 79{,}9 = 159{,}8$ g. 24 Liter Bromdampf enthalten 1 mol Brom-Moleküle mit einer Masse von 159,8 g. Dichte ist $m : V$; also 159,8 g : 24 Liter = 6,66 g/L.

Übung 7 Seite 45

Nach der Formel: Teilchenzahl *n* in mol eines Gases = Volumen in Liter : 24 Liter/mol wird das angegebene Volumen eingesetzt und ausgerechnet: *n* (Kohlenstoffdioxid) = 2,4 Liter : 24 Liter/mol = 0,1 mol; da dies bei allen Gasen gilt, beträgt die Teilchenzahl bei Sauerstoff und Stickstoff unter gleichen Bedingungen ebenfalls 0,1 mol. 24 Liter Sauerstoffgas enthält bei 20 °C und Normaldruck genau 1 mol an Teilchen. Da Sauerstoff aus Sauerstoffmolekülen (O_2) besteht, sind 1 mol O_2-Moleküle enthalten, die aus doppelt so vielen O-Atomen bestehen, also 2 mol O-Atome.

Übung 8 Seite 45

Nach der Formel: Teilchenzahl *n* in mol eines Gases = Volumen in Liter : 24 Liter/mol wird das angegebene Volumen eingesetzt und ausgerechnet: 10 Liter Sauerstoff enthalten dann 10 Liter : 24 Liter/mol = 0,42 mol Sauerstoffmoleküle (O_2); 0,47 Liter Helium besteht aus 0,47 Liter : 24 Liter/mol = 0,0196 mol He-Atome; 403 Liter Kohlenstoffdioxid beinhalten 16,79 mol Kohlenstoffdioxid-Moleküle.

Übung 9 Seite 45

In der Abbildung bestehen A, B und D aus nur einer Atomsorte (in allen Gasen ist modellhaft nur eine Atomsorte dargestellt!). C besteht aus Molekülen, die aus jeweils 2 Atomen der einen Atomsorte/des einen Elements und einem Atom des anderen Elements bestehen. Damit passt zu C die Formel H_2S. A besteht aus einatomigen Gasteilchen, dies führt zu He; B besteht aus zweiatomigen Molekülen = N_2 und D zeigt ein Gas aus dreiatomigen Molekülen eines Elements: O_3.

Übung 10 Seite 45

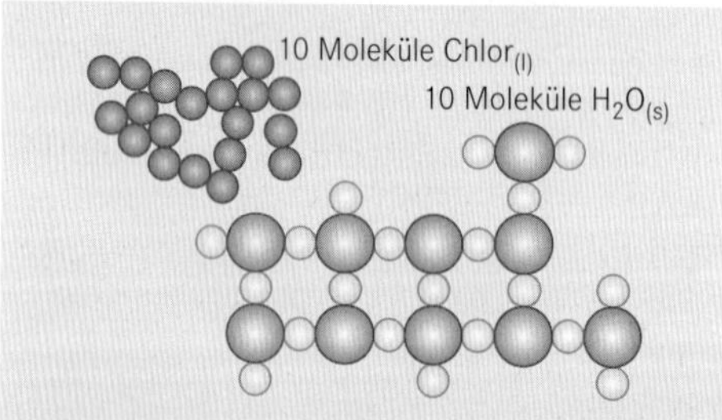

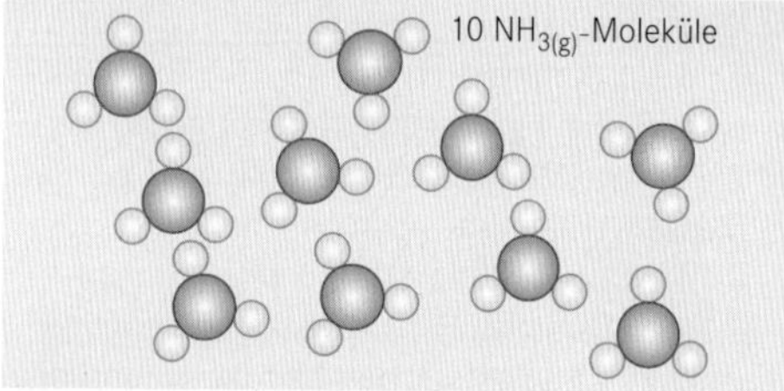

Übung 11 Seite 46

a) Al Metall; Cl Nichtmetall – siehe S. 45; also $AlCl_3$ ist eine Verhältnisformel.
b) H und I: Nichtmetalle = Molekülformel
c) Al Metall und N Nichtmetall = Verhältnisformel
d) Na Metall und O Nichtmetall = Verhältnisformel
e) N und O: Nichtmetalle = Molekülformel
f) C und H: Nichtmetalle = Molekülformel
g) Pb Metall und S Nichtmetall = Verhältnisformel
h) I und Cl: Nichtmetalle = Molekülformel

Übung 12 Seite 46

a) In As_2O_3 ist der zweite Bestandteil Sauerstoff (O), also ein Nichtmetall. Demzufolge übernimmt As die Rolle des Metallbestandteils.
b) In Ca_2Si ist Calcium der Metallbestandteil, Silicium übernimmt die Rolle des Nichtmetallbestandteils.

Übung 13 Seite 48

a) Berechnung der molaren Masse von Al_2O_3:
$M(Al_2O_3) = 2 \cdot M(Al) + 3 \cdot M(O)$
$= 2 \cdot 27 + 3 \cdot 16 = 102$ g/mol.
In Kurzfassung: $M(HCl) = 36{,}5$ g/mol;
$M(C_6H_{12}O_6) = 180$ g/mol.
b) Berechnung der molaren Masse:
$M(SO_2) = 64{,}1$ g/mol
Berechnung der Anzahl der Baueinheiten in 32,05 g SO_2 nach $n = m : M$:
$n(SO_2) = 32{,}05$ g : 64,1 g/mol = 0,5 mol.
Es sind 0,5 mol SO_2-Moleküle enthalten.
$M(Br_2) = 159{,}8$ g/mol:
$n(Br_2) = 10$ g : 159,8 g/mol = 0,063 mol.
Es sind 0,063 mol Br_2-Moleküle enthalten.

4.3 Formelsprache

Beispiel 1 und 2 Seite 49:

1. Pb_3O_4 = Tribleitetraoxid. Die Verbindung besteht aus Blei-(Pb-) und Sauerstoff-(O-)Atomen.

Dabei kommen in der kleinsten Baueinheit auf drei Bleiatome vier Sauerstoffatome. Die 3 bezieht sich also auf das vorhergehende Element Blei und die 4 auf das vorhergehende Element Sauerstoff. Sauerstoff als Nichtmetall ergibt die Endung -oxid; Blei als Metallbestandteil wird unverändert in den Namen übernommen. Die Zahlen 3 und 4 in der Formel werden im Namen durch die Zahlwörter „tri" und „tetra" ersetzt.

2. OF_2 = Sauerstoffdifluorid. Es ist eine Verbindung aus den beiden Nichtmetallen Sauerstoff und Fluor. In der kleinsten Baueinheit - den Molekülen - kommen auf ein Sauerstoff-Atom zwei Fluoratome. Da Fluor in der Liste (s. Punkt 3 auf S. 48) rechts von Sauerstoff steht, steht es in der Formel rechts und bildet den zweiten Namensbestandteil mit -id. Davor kommt das Zahlwort di und Sauerstoff wird vorangestellt (Zahlwort „mono" wird weggelassen).

Übung 1 Seite 49

Kaliumbromid, Eisentrichlorid, Kupferchlorid, Schwefeldioxid, Wasserstoffiodid, Trieisentetraoxid, Schwefelhexafluorid, Distickstoffoxid

Übung 2 Seite 49

a) NaI b) CO c) CuS d) AlP e) Ca_2C
f) PH_3 g) Fe_2O_3 h) SiO_2 i) H_2O

Übung 3 Seite 52

a) $K_1F_1 = KF$
b) $Na_2O_1 = Na_2O$
c) $Ca_1Br_2 = CaBr_2$
d) Si_3N_4
e) Al_2S_3
f) $Li_2S_1 = Li_2S$
g) BN
h) geht nicht!

Erläuterungen:
Die Aufgaben d, g und h sollen noch mal näher besprochen werden:

d) 1. Schritt: Angabe der Wertigkeiten (Si IV; N III nach Abb. auf S. 50)
2. Schritt: Über Kreuz Wertigkeiten als Indices eintragen: SiN → Si_3N_4
3. Schritt entfällt, da 3 und 4 nicht weiter gekürzt werden können.

g) 1. Schritt: Bor (B) hat die Wertigkeit III, Stickstoff ebenfalls (s. Abbildung auf S. 50).
2. Schritt: B N → B_3N_3
3. Schritt: 3 und 3 können gekürzt werden zu 1 und 1 (Teilen durch 3!) = B_1N_1 = BN.

h) Helium ist nullwertig, die Heliumatome können keine Bindungen eingehen. Es gibt kein Heliumoxid.

Übung 4 Seite 52

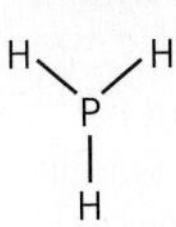

PH_3

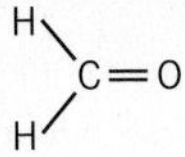

H_2CO

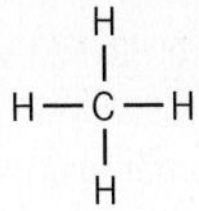

CH_4

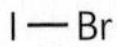

IBr

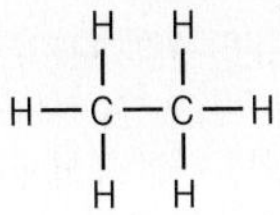

C_2H_6

Erläuterung: Die Anzahl der Bindungen wird durch die Wertigkeit nach der Abb. auf S. 50 vorgegeben: Phosphor (P) = dreibindig (III-wertig); Wasserstoff = einbindig (I-wertig); Kohlenstoff (C) = vierbindig (IV-wertig), Iod und Brom = einbindig (I-wertig), Sauerstoff = zweibindig (II-wertig).

Übung 5 Seite 52

Es ergeben sich folgende Wertigkeiten:

I II	IV II	III II	IV II	V II
N_2O	N_2O_4;	N_2O_3;	NO_2;	N_2O_5.

An zwei Beispielen sollen die Wertigkeiten ausführlich berechnet werden:

N_2O: O ist II-wertig, die Gesamtwertigkeit ist 2 (da nur 1 O-Atom), die beiden N-Atome sind zusammen damit auch zweiwertig, für jedes N-Atom ist die Wertigkeit also I.

N_2O_5: O ist II-wertig, insgesamt - da 5 O-Atome im Molekül - zehnwertig; die beiden N-Atome müssen auch zusammen zehnwertig sein, also ist jedes 10 : 2 = V-wertig (fünfbindig).

Übung 6 Seite 52

Es ergeben sich folgende Wertigkeiten:

II II	I I	III II	II I	8/3 II	I 1/3
C O;	Cu Br;	Au_2O_3;	N_2H_4;	Pb_3O_4;	H N_3

Erläuterungen:

a) CO: O ist II-wertig (Regel 2), da es nur ein O-Atom gibt, ist die Gesamtwertigkeit auch 2, damit muss das eine C-Atom ebenfalls die Wertigkeit II haben.
b) CuBr: Br ist I-wertig (Regel 3), damit muss das eine Cu-Atom auch I-wertig sein.
c) Au_2O_3: O ist II-wertig (Regel 2), Gesamtwertigkeit der 3 O-Atome: 6, damit müssen die beiden Au-Atome auch 6-wertig sein, jedes Atom ist also 6 : 2 = III-wertig.
d) N_2H_4: H ist I-wertig (Regel 1), insgesamt bei 4 H-Atomen also 4; auf die 2 N-Atome entfallen damit 4 Bindungen; jedes N-Atom ist damit 4 : 2 = II-wertig.
e) Pb_3O_4: O hat die Gesamtwertigkeit acht; damit müssen 8 Bindungen auf 3 Pb-Atome aufgeteilt werden, jedes Pb-Atom besitzt rechnerisch (!) $\frac{8}{3}$ Bindungen. Pb_3O_4 enthält verschiedenwertige Bleioxide: Eine Pb_3O_4-Baueinheit besteht aus zwei Pb(II)O-Einheiten und einer Pb(IV)O_2-Einheit, also besitzen die 3 Pb-Atome zusammen 8 Bindungen, die durch das Rechnen gleichmäßig verteilt werden, in Wirklichkeit liegen aber unterschiedliche Wertigkeiten vor!
f) HN_3: Hier besitzen die N-Atome rechnerisch die Wertigkeit $\frac{1}{3}$. Wie geht das? N-Atome sind meist dreibindig, da sich nun die meisten Bindungen zwischen den N-Atomen, also zwischen gleichen Atomsorten, befinden, werden diese nicht gezählt. Eine einzige Bindung existiert noch zum H-Atom. Also verteilt sich diese 1 Bindung auf 3 N-Atome, sodass rechnerisch jedes N-Atom die Wertigkeit $\frac{1}{3}$ hat.

Übung 7 Seite 56

a) Natrium$_{(s)}$ + Chlor$_{(g)}$ → Natriumchlorid$_{(s)}$; exotherm.
   1. Schritt: Na + Cl → NaCl
   2. Schritt: Na + Cl_2 → NaCl
   3. Schritt: 2 $Na_{(s)}$ + $Cl_{2(g)}$ → 2 $NaCl_{(s)}$; exotherm
b) Aluminium$_{(s)}$ + Iod$_{(s)}$ → Aluminiumtriiodid$_{(s)}$; exotherm.
   1. Schritt: Al + I → AlI_3
   2. Schritt: Al + I_2 → AlI_3
   3. Schritt: Al + 1,5 I_2 → AlI_3
   4. Schritt: 2 $Al_{(s)}$ + 3 $I_{2(s)}$ → 2 $AlI_{3(s)}$; exotherm
c) Quecksilber(II)-oxid$_{(s)}$ → Quecksilber$_{(s)}$ + Sauerstoff$_{(g)}$; endotherm.
   1. Schritt: HgO → Hg + O
   2. Schritt: HgO → Hg + O_2
   3. Schritt: 2 $HgO_{(s)}$ → 2 $Hg_{(l)}$ + $O_{2(g)}$; endotherm.
d) Blei$_{(s)}$ + Schwefel$_{(s)}$ → Blei(II)-sulfid$_{(s)}$; exotherm.
   1. Schritt: Pb + S → PbS
   2. Schritt: entfällt, da keine Moleküle vorhanden
   3. Schritt: entfällt, da auf beiden Seiten die gleiche Anzahl an Atomen:
   $Pb_{(s)}$ + $S_{(s)}$ → $PbS_{(s)}$; exotherm.
e) Schwefel$_{(s)}$ + Sauerstoff$_{(g)}$ → Schwefeldioxid$_{(g)}$; exotherm.
   1. Schritt: S + O → SO_2
   2. Schritt: S + O_2 → SO_2
   3. Schritt: entfällt, da auf beiden Seiten die gleiche Anzahl an Atomen
   $S_{(s)}$ + $O_{2(g)}$ → $SO_{2(g)}$; exotherm
f) Phosphor$_{(s)}$ + Sauerstoff$_{(g)}$ → Diphosphorpentaoxid$_{(s)}$; exotherm.
   1. Schritt: P + O → P_2O_5
   2. Schritt: P + O_2 → P_2O_5
   3. Schritt: 2 P + 2,5 O_2 → P_2O_5
   4. Schritt: 4 $P_{(s)}$ + 5 $O_{2(g)}$ → 2 $P_2O_{5(s)}$; exotherm.

Übung 8 Seite 56

a) Wortgleichung: (Zustände waren nicht angegeben, fallen hier weg)
   Eisensulfid + Wasserstoffchlorid → Eisen(II)-chlorid + Diwasserstoffsulfid; Symbolgleichung:
   FeS + 2 HCl → $FeCl_2$ + H_2S
b) Wortgleichung: Titandioxid + Chlor + Kohlenstoff → Titan(II)-chlorid + Kohlenstoffmonooxid; Symbolgleichung:
   TiO_2 + Cl_2 + 2 C → $TiCl_2$ + 2 CO; Anmerkung: Auf beiden Seiten gibt es bereits die gleiche Anzahl an Ti- und Cl-Atomen, wir brauchen also nur noch die 2 O-Atome rechts mit 2 CO-Baueinheiten auszugleichen.
c) Wortgleichung: Natrium + Kalium + Kohlenstofftetrachlorid → Natriumchlorid + Kaliumchlorid + Kohlenstoff; Symbolgleichung:
   2 Na + 2 K + CCl_4 → 2 NaCl + 2 KCl + C

d) Wortgleichung: Ammoniak + Stickstoffdioxid → Stickstoff + Wasser; Symbolgleichung: $8\ NH_3 + 6\ NO_2 \rightarrow 7\ N_2 + 12\ H_2O$
Anmerkung: Das Ausgleichen ist sehr schwierig! Hier hilft nur viel Knobeln und ein langer Atem - oder in der Lösung nachschauen ☺!

Übung 9 Seite 56

a) $2\ Na + 1\ I_2 \rightarrow 2\ NaI$
b) $2\ Al + 3\ Br_2 \rightarrow 2\ AlBr_3$
c) $1\ Mg + 1\ I_2 \rightarrow 1\ MgI_2$
d) $2\ S + 3\ O_2 \rightarrow 2\ SO_3$
e) $2\ Na + 2\ H_2O \rightarrow 2\ NaOH + 1\ H_2$
f) $4\ HCl + 1\ O_2 \rightarrow 2\ H_2O + 2\ Cl_2$
g) $2\ KBr + 1\ Cl_2 \rightarrow 2\ KCl + 1\ Br_2$
h) $2\ PbS + 3\ O_2 \rightarrow 2\ PbO + 2\ SO_2$
i) $3\ Fe_3O_4 + 8\ Al \rightarrow 9\ Fe + 4\ Al_2O_3$

Erläuterungen (beispielhaft):

a) Links sind zwei Iod-Atome, rechts nur eins! Verdopplung der NaI-Baueinheiten, jetzt stimmen die Iod-Atome, aber rechts ist noch ein Na-Atom zu wenig! Na-Atome verdoppeln.
c) Kein Ausgleichen erforderlich, da auf beiden Seiten der Reaktionsgleichung die gleiche Anzahl an Atomen (jeweils 1 Mg- und 2 I-Atome).
e)

Masssenbilanz linke Seite ($Na + H_2O$)	Massenbilanz rechte Seite ($NaOH + H_2$)
1 Na, 2 H, 1 O	1 Na, 3 H, 1 O
Links fehlt 1 H! Das gibt´s aber nur im Zweierpack durch das H_2O! Also:	Jetzt fehlen hier 1 O und 1 H, also eine Baueinheit NaOH hinzu:
1 H_2O hinzu: 1 Na, 4 H, 2 O	2 Na, 4 H, 2 O
1 Na zu wenig; also $2\ Na + 2\ H_2O$	$2\ NaOH + H_2$

j) Links besteht die Oxid-Baueinheit aus 4 O-Atomen und 3 Fe-Atomen, rechts besteht sie aus 3 O-Atomen und 2 Al-Atomen. Damit man auf eine ausgeglichene *Sauerstoffbilanz* kommt, sucht man nach dem kleinsten gemeinsamen Vielfachen! Das kgV von 3 und 4 ist 12, wir benötigen 3 Fe_3O_4- und 4 Al_2O_3-Einheiten, um eine ausgeglichene Sauerstoffbilanz zu erhalten:
$3\ Fe_3O_4 + Al \rightarrow 4\ Al_2O_3 + Fe$
Massenbilanz: links: 9 Fe, 12 O, 1 Al; rechts: 8 Al, 12 O, 1 Fe
Es fehlen links noch 7 Al- und rechts noch 8 Fe-Atome!

4.4 Atommodelle im Vergleich

Übung 1 Seite 57

Lithiumatom nach *Dalton*: einfache massive Kugel; im *Thomson-Modell* sind drei Elektronen sichtbar, die in einer positiven Grundsubstanz eingebettet sind.
Das *Rutherford-Modell* lässt erkennen, dass das Li-Atom einen Atomkern hat, der aus 4 Neutronen und 3 Protonen besteht. Der Kern wird von 3 Elektronen umkreist.
Im *Schalenmodell* werden zwei Energieschalen sichtbar, auf dem sich die Elektronen befinden.
Bedenke: Die Skizzen sind nicht maßstabsgerecht!

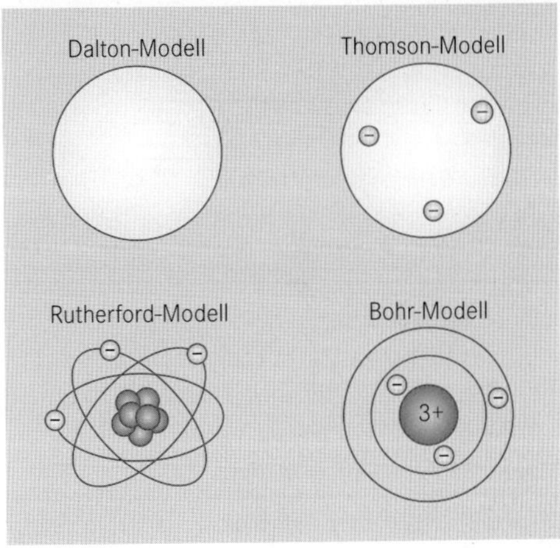

4.5 Atombau und Periodensystem der Elemente

Übung 1 Seite 59

Valenzelektronen (Elektronen der äußeren Energieschale) entsprechen der Hauptgruppennummer; die Anzahl der Energieschalen deckt sich mit der Periode.
Beispiel: H-Atom = 1 Valenzelektron (1. Hauptgruppe) und 1 Energieschale (1. Periode)

Bei den anderen Atomen:
B-Atom: 3 Valenzelektronen, 2 Energieschalen;
I-Atom: 7 Valenzelektronen, 5 Energieschalen;
K-Atom: 1 Valenzelektron, 4 Energieschalen;
Ar-Atom: 8 Valenzelektronen, 3 Energieschalen.

Übung 2 Seite 60

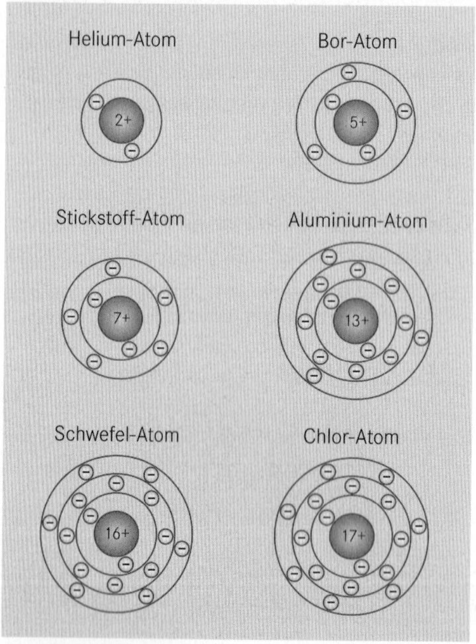

Übung 3 Seite 60

Bor steht in der dritten Hauptgruppe, laut Abbildung auf S. 50 sind B-Atome dreiwertig und nach der Hauptgruppe besitzen sie auch jeweils drei Valenzelektronen. Ein Brom-Atom ist einwertig und besitzt 7 Valenzelektronen, nach der Regel beträgt die Wertigkeit hier 8 - 7 = 1. Bei Calcium- und Lithium-Atomen greift wieder der erste Teil der Regel: Ca-Atome sind zweiwertig und sie besitzen jeweils 2 Valenzelektronen, Li-Atome sind einwertig und sie besitzen jeweils ein Valenzelektron.

Übung 4 Seite 61

Atomaufbau:

	^{24}Mg	^{19}F	^{15}N	^{30}Si	^{48}Ca	^{85}Rb
Protonen (OZ)	12	9	7	14	20	37
Elektronen	12	9	7	14	20	37
Neutronen (MZ - OZ)	12	10	8	16	28	48
Energieschalen der Elektronen (Periode)	3	2	2	3	4	5
Valenzelektronen (Hauptgruppe)	2	7	5	4	2	1

Übung 5 Seite 62

5. Hauptgruppe:

Name	Zustand	Farbe	Dichte	Siedetemperatur	Schmelztemperatur
Stickstoff	gasförmig	farblos	1,2 g/L	-196 °C	-210 °C
Phosphor	fest	weiß, schwarz oder purpur	1,82 g/cm³	280 °C	44 °C
Arsen	fest	gelb, schwarz oder grau	5,72 g/cm³	616 °C, sublimiert	-
Antimon	fest	grau metallisch	6,69 g/cm³	1 380 °C	631 °C
Bismut	fest	rötlich, silber-weiß glänzend	9,8 g/cm³	1 560 °C	271 °C

Auch in dieser Hauptgruppe gibt es viele Übereinstimmungen, so steigt die Dichte von oben nach unten an, auch die Siedetemperatur nimmt von oben nach unten stetig zu. Die Schmelztemperaturen sind etwas uneinheitlich. Bei Phosphor, Arsen und Antimon liegen die Elemente in unterschiedlichen Formen vor (hier Farbe!), d. h., dass sich die Atome im Grundstoff auf mehr als eine Art und Weise anordnen können. Mit jeder neuen Anordnung der Atome ergibt sich ein neuer Stoff. Bekanntestes Beispiel ist Kohlenstoff: Da gibt es den Graphit (aus der Bleistiftmine) als schwarzen, leicht abreibbaren Feststoff und den Diamant, als sehr harten, farblosen, kristallförmigen Feststoff. Im Graphit sind die Kohlenstoffatome ganz anders angeordnet als im Diamant.

Test

Übung 1 Seite 62

a) Aus den Informationen ist zu erkennen, dass nur ein Endstoff entsteht [1 P]. Dieser hat die Masse von 4,68 g. Silber mit der Masse von 4,07 g muss also mit 0,61 g Schwefel reagiert haben [1 P] (4,07 + 0,61 = 4,68 g).

b) Aus den Massenangaben muss man die Zahl der darin enthaltenen Atome ausrechnen [1 P] (n gesucht; $n = m : M$ [1 P]). Für 10 g Silber also: $n(\text{Ag}) = 10\,\text{g} : 107{,}9\,\text{g/mol}$ [1 P] $\approx 0{,}0927\,\text{mol}$ Ag-Atome [1 P]. Für 1,49 g Schwefel: $n(\text{S}) = 1{,}49\,\text{g} : 32{,}1\,\text{g/mol}$ [1 P] $\approx 0{,}0464\,\text{mol}$ S-Atome [1 P]. Berechnung des Zahlenverhältnisses: Teile beide Zahlen durch die kleinere der beiden [1 P], für Silber erhalten wir $0{,}0927 : 0{,}0464 \approx 2$; für Schwefel ergibt sich: $0{,}0464 : 0{,}0464 = 1$. Auf 2 Silberatome kommt in der Verbindung also genau 1 Schwefelatom in der kleinsten Baueinheit [1 P], die Formel lautet Ag_2S_1, also Ag_2S [1 P] (Metallbestandteil zuerst, dann Nichtmetallbestandteil, also *nicht* SAg_2). Name: Disilbersulfid [1 P].

c) Es ist eine Verhältnisformel [1 P], da Silbersulfid eine Verbindung aus einem Metallbestandteil (Silber) und einem Nichtmetallbestandteil (Schwefel) ist [1 P]).
Im Dalton-Modell ergibt sich:

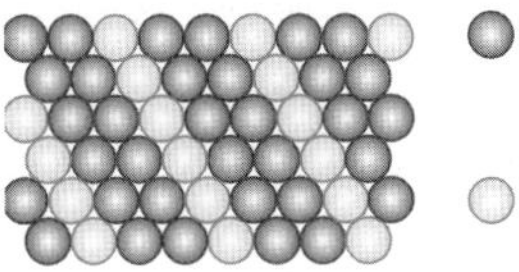

dunkelgraue Kreise: Silberatome

hellgraue Kreise: Schwefelatome

(Bewertung des Dalton Modells: Zahlenverhältnis erkennbar [1 P], regelmäßige Struktur [1 P], riesiger Atomverband mit festem Zustand [1 P], Legende [1 P]

d) $2\,Ag_{(s)} + S_{(s)} \xrightarrow{\Delta} Ag_2S_{(s)}$ [Für Ag, S und Ag_2S jeweils 1 P, für die Angabe der Zustände und „in der Hitze“ jeweils 0,5 P, insgesamt 5 P; Angabe exo-/endotherm ist nicht aus der Aufgabe erkennbar!]

e) Schwefel steht in der 6. Hauptgruppe und hat die Wertigkeit II [1 P]. Damit müssen die zwei Silberatome auch insgesamt die Wertigkeit II haben [1 P]. Da es zwei Silberatome pro Baueinheit sind, muss jedes Silberatom einwertig (I) sein [1 P].

Übung 2 Seite 62

a) Zwei Valenzelektronen = 2. Hauptgruppe [1 P]; zwei Energieschalen = 2. Periode [1 P]. Es handelt sich um ein Beryllium-Atom [1 P].

b) Fluoratom: MZ = 19; OZ = 9; die Ordnungszahl entspricht der Protonenanzahl: 9 [1 P]. Neutronenzahl = MZ - OZ = 10 [1 P]; im neutralen Atom kommen genauso viele positive Protonen wie negative Elektronen vor, also 9 Elektronen [1 P].

Rutherford-Modell

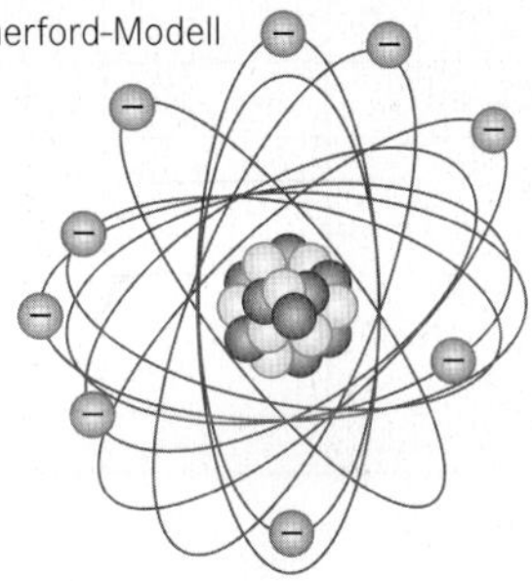

Schalenmodell

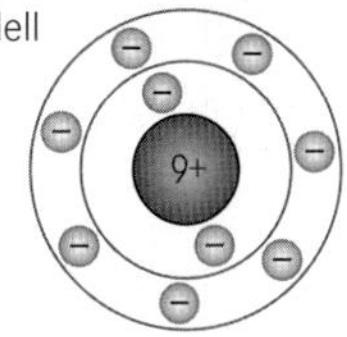

Im Rutherford-Modell sind aus perspektivischen Gründen nicht mehr alle Neutronen und Protonen erkennbar.
(Bewertung: Rutherford-Modell: 9 Elektronenbahnen und Kern aus zwei Bausteinen erkennbar: [3 P]. Schalenmodell: Kern mit 9 Protonen [1 P], 2 Energieschalen mit 2 Elektronen auf innerer Stufe und 7 Elektronen auf äußerer Energieschale [2 P]).

5.1 Alkalimetall und Halogen: Salzbildung

Übung 1 Seite 65

	Natrium	Chlor	Natriumchlorid
Formel	Na	Cl_2	NaCl
Element oder Verbindung?	Element	Element	Verbindung
Aggregatzustand	fest	gasförmig	fest
Schmelztemperatur	98 °C	-102 °C	801 °C
Dichte	0,97 g/cm^3	0,0032 g/cm^3	2,17 g/cm^3
Farbe	silbrig-weiß, glänzend	gelbgrün	weißes Kristall-pulver
Geruch	geruchlos	stechend	geruchlos
Giftigkeit	nicht bestimmbar, da es im Körper sofort reagiert	sehr giftig	ungiftig
Härte	weich (0,5 nach Mohs)	nicht bestimmbar (Gas)	mittelhart (2 nach Mohs), spröde
elektrische Leitfähigkeit	sehr gut	keine	keine im festen Zustand, Schmelze und wässrige Lösung leiten gut
Stoffklasse	Metall	Nichtmetall	salzartiger Stoff

Übung 2 Seite 66

Man muss immer ermitteln, wie viele Elektronen abgegeben oder aufgenommen werden müssen, damit ein Atom eine edelgasähnliche Elektronenkonfiguration erreicht.

Ein Kalium-Atom (I. Hauptgruppe) hat ein Elektron auf der äußeren Schale. Wenn dieses abgegeben wird, entsteht ein einfach positiv geladenes Kalium-Ion, das die gleiche Elektronenkonfiguration wie ein Argon-Atom hat. Ein Calcium-Atom (II. Hauptgruppe) hat ein Elektron mehr als ein Kalium-Atom, also zwei Elektronen auf der äußeren Schale. Folglich müssen zwei Elektronen abgegeben werden, um die Elektronenkonfiguration eines Argon-Atoms zu erreichen, es entsteht dabei ein zweifach positiv geladenes Ion. Ein Brom-Atom (VII. Hauptgruppe) hat sieben Elektronen auf der äußeren Schale, zum Elektronenoktett und damit der Elektronenkonfiguration eines Krypton-Atoms fehlt ein Elektron, das aufgenommen wird. Also entsteht ein einfach negativ geladenes Ion. Ein Schwefel-Atom (VI. Hauptgruppe) hat sechs Elektronen auf der äußeren Schale, ihm fehlen also zwei Elektronen zur Elektronenkonfiguration eines Argon-Atoms. Wenn es diese aufnimmt, entsteht ein zweifach negativ geladenes Ion.

Übung 3 Seite 66

a) Lithium bildet bei einer chemischen Reaktion einfach positiv geladene Ionen, Fluor einfach negative. Das Verhältnis von Lithium-Ionen zu Fluorid-Ionen muss wegen der elektrischen Neutralität also 1 : 1 sein.

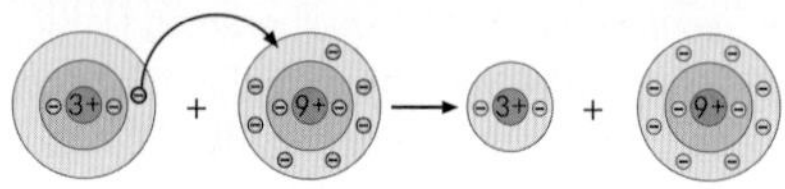

$Li + F \longrightarrow Li^+ + F^-$

b) Magnesium bildet zweifach positiv geladene Ionen, Sauerstoff zweifach negative. Deshalb auch hier ein Verhältnis von 1 : 1.

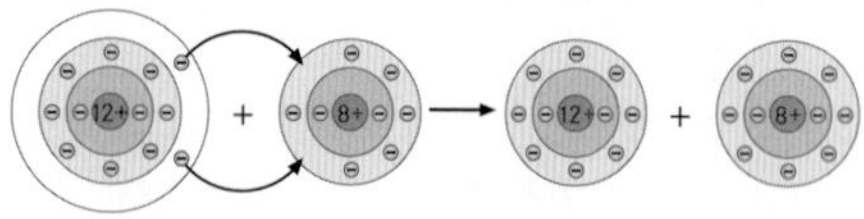

$Mg + O \longrightarrow Mg^{2+} + O^{2-}$

c) Magnesium bildet zweifach positiv geladene Ionen, Fluor einfach negative. Also müssen pro Magnesium-Atom zwei Fluor-Atome reagieren, Verhältnis 1 : 2.

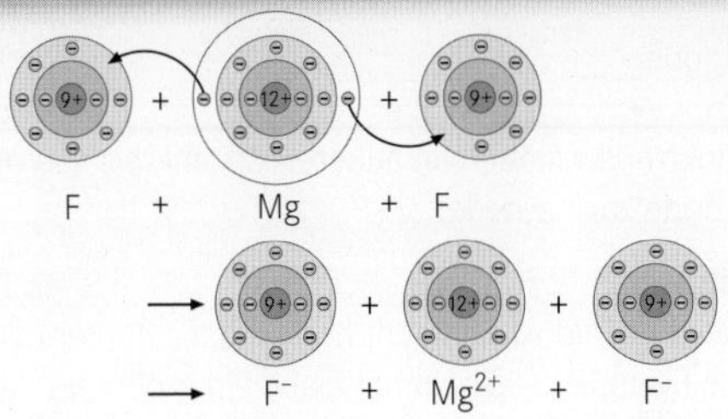

Übung 4 Seite 66

a) Ein Elektronen-Donator gibt bei einer chemischen Reaktion Elektronen ab. Ein Elektronen-Akzeptor nimmt bei einer chemischen Reaktion Elektronen auf.

b) Metalle haben wenige Elektronen auf der äußeren Schale; für sie ist es einfacher, Elektronen abzugeben, um eine Edelgaskonfiguration zu erreichen. Nichtmetalle haben viele Elektronen auf der äußeren Schale; der Weg zur Edelgaskonfiguration ist für sie günstiger, wenn sie Elektronen aufnehmen.

5.2 Ionenbindung, Ionengitter und Stoffeigenschaften

Übung 1 Seite 67

1 = Zucker, 2 = Kochsalz, 3 = Mehl, 4 = Aluminiumoxid; Kochsalz und Aluminiumoxid sind Ionenverbindungen. Aluminiumoxid löst sich nicht in Wasser, da seine Gitterenergie sehr hoch ist, denn Al^{3+} und O^{2-} sind sehr hoch geladene Ionen. Also kann die Lösung auch nicht den elektrischen Strom leiten. Die sehr hohe Schmelztemperatur spricht aber dennoch für eine Ionenverbindung.

5.3 Redoxreaktionen sind Elektronenübertragungsreaktionen

Übung 1 Seite 70

a) Oxidation:
$Ca \rightarrow Ca^{2+} + 2\,e^-$
Reduktion:
$S + 2\,e^- \rightarrow S^{2-}$
Redoxgleichung:
$Ca + S \rightarrow CaS$

b) Oxidation:
$K \rightarrow K^+ + e^-$ | · 2 (Stoffbilanz)
Reduktion:
$Cl + e^- \rightarrow Cl^-$ | · 2 (wegen Cl_2)
Redoxgleichung:
$2\,K + Cl_2 \rightarrow 2\,KCl$

c) Oxidation:
$Al \rightarrow Al^{3+} + 3\,e^-$ | · 1 (e^--Bilanz) | · 2 (Stoffbilanz)
Reduktion:
$F + e^- \rightarrow F^-$ | · 3 (e^--Bilanz) | · 2 (wegen F_2)
Redoxgleichung:
$2\,Al + 3\,F_2 \rightarrow 2\,AlF_3$

d) Oxidation:
$Fe \rightarrow Fe^{3+} + 3\,e^-$ | · 2 (e^--Bilanz) | · 2 (Stoffbilanz
Reduktion:
$O + 2\,e^- \rightarrow O^{2-}$ | · 3 (e^--Bilanz) | · 2 (wegen O_2)
Redoxgleichung:
$2\,Fe + 3\,O_2 \rightarrow 2\,Fe_2O_3$

Gleichung a) ist ohne weitere Maßnahmen ausgeglichen. Bei Gleichung b) muss noch die Stoffbilanz ausgeglichen werden, da Chlor nur als zweiatomige Moleküle vorkommt. Bei den Gleichungen c) und d) muss zuerst die Elektronenbilanz, dann die Stoffbilanz ausgeglichen werden.

Übung 2 Seite 70

a) Kupfer-Atome können Elektronen an alle Metall-Ionen abgeben, die in der Redoxreihe *rechts* von ihnen stehen: Ag^+, Pt^{2+}, Au^{3+}.

b) Cu^{2+}-Ionen können Elektronen von allen Metallatomen aufnehmen, die in der Redoxreihe links von ihnen stehen: K, Ca, Na, Mg, Al, Zn, Fe, Pb.

Übung 3 Seite 70

a) Silber ist edler als Zink, also werden die Silberionen vom elementaren Zink reduziert. Es wird sich metallisches Silber auf dem Zinkblech abscheiden.
Oxidation:
$Zn \rightarrow Zn^{2+} + 2\,e^-$ | · 1 (e^--Bilanz)
Reduktion:
$Ag^+ + e^- \rightarrow Ag$ | · 2 (e^--Bilanz)
Redoxgleichung:
$Zn + 2\,Ag^+ \rightarrow Zn^{2+} + 2\,Ag$

b) Hier passiert gar nichts, denn Magnesium ist unedler als Zink und liegt bereits in der oxidierten Form vor.

Übung 4 Seite 70

Der wesentliche Bestandteil von Stahl ist Eisen. Eisen oxidiert im Salzwasser ziemlich leicht, aber noch leichter oxidiert Zink, denn Zink ist unedler als Eisen. Also werden Eisen-Ionen, sobald sie entstehen, durch das Zink sofort wieder reduziert. Das Eisen ist durch die Zinkbarren so lange vor Oxidation geschützt, bis diese verbraucht sind.

5.4 Elektrolyse: erzwungene Redoxreaktionen

Übung 1 Seite 72

a) Kathode:
$Mg^{2+} + 2\,e^- \rightarrow Mg$ (Reduktion)
Anode:
$2\,Br^- \rightarrow Br_2 + 2\,e^-$ (Oxidation)

b) Gesamtgleichung:
$Mg^{2+} + 2\,Br^- \rightarrow Mg + Br_2$

c) Elektronen-Donator: Br^--Ion;
Elektronen-Akzeptor: Mg^{2+}-Ion;
s. auch a)

d) Da die Elektrolyse mit geschmolzenem $MgBr_2$ durchgeführt wird, liegt die Temperatur über 711 °C. Bei solchen Temperaturen ist Magnesium flüssig und Brom gasförmig. An der Anode wird ein braunes Gas entweichen. An der Kathode wird sich ein flüssiges silbrigweißes Metall abscheiden, das auf der Salzschmelze schwimmt; Letzteres ergibt sich aus einem Vergleich der Dichten von Mg und $MgBr_2$.

Übung 2 Seite 72

Die Feder muss bei der Elektrolyse einer Au^{3+}-Ionen enthaltenden Lösung als *Kathode* geschaltet werden.

5.5 Batterien und Akkus: Redoxreaktionen auf Umwegen

Übung 1 Seite 75

Aus der Redoxreihe geht hervor, dass Kupfer edler als Zink ist. Deshalb werden die Cu^{2+}-Ionen zu elementarem Kupfer reduziert, während elementares Zink zu Zn^{2+}-Ionen oxidiert wird.

Kathode:
$Cu^{2+} + 2\,e^- \rightarrow Cu$ (Reduktion)

Anode:
$Zn \rightarrow Zn^{2+} + 2\,e^-$ (Oxidation)

Elektronen fließen im äußeren Stromkreis von der Anode zur Kathode.

Übung 2 Seite 75

Aus der Redoxreihe geht hervor, dass Kupfer edler als Eisen ist. Deshalb hat Eisen ein größeres Bestreben, Elektronen abzugeben. Diese wandern also durch den äußeren Stromkreis vom Eisenblech (Anode) zum Kupferblech (Kathode).

5.6 Die Elektronenpaarbindung

Übung 1 Seite 79

Na· ·Mg· ·Al· ·Si· ·P· ·S· |Cl· |Ar|

Die Lewis-Formeln der Elemente der dritten Periode entsprechen genau denjenigen der Elemente der zweiten Periode, denn es werden ja nur die Valenzelektronen betrachtet, und deren Anzahl ist bei Elementen derselben Hauptgruppe jeweils gleich.

Übung 2 Seite 79

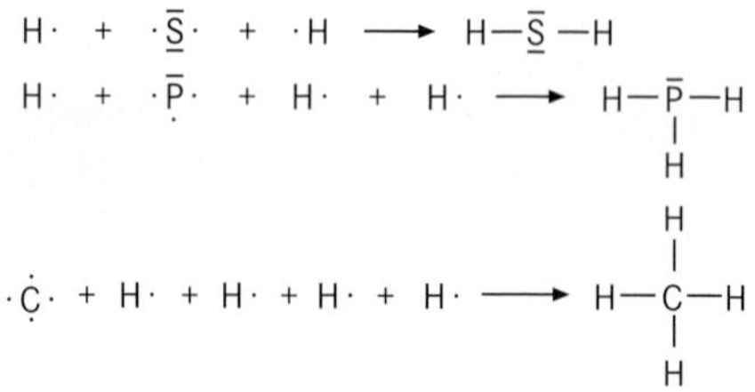

H_2S hat eine Lewis-Formel, die genau der von H_2O entspricht, und auch PH_3 und NH_3 sind ganz analog aufgebaut.

Übung 3 Seite 79

a)

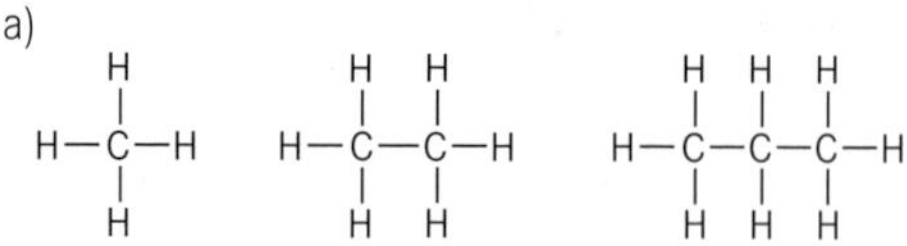

Die Kette aus Kohlenstoff-Atomen kann beliebig verlängert werden. Es kommt immer eine CH_2-Gruppe hinzu.

b)

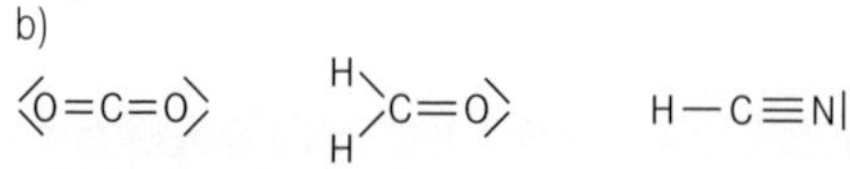

Im Kohlenstoffdioxid gibt es zwei Doppelbindungen zwischen C und O. Im mittleren Molekül (es heißt übrigens Methanal oder Formaldehyd) ist ein Sauerstoff-Atom durch zwei Wasserstoff-Atome ersetzt. Im rechten Molekül wird das andere Sauerstoff-Atom durch ein Stickstoff-Atom ersetzt; damit aber keine einzelnen Elektronen übrig bleiben, muss auch eines der Wasserstoff-Atome verschwinden, um eine Dreifachbindung zwischen C und N zu ermöglichen. Dies ist übrigens die Formel der berüchtigten Blausäure.

c) 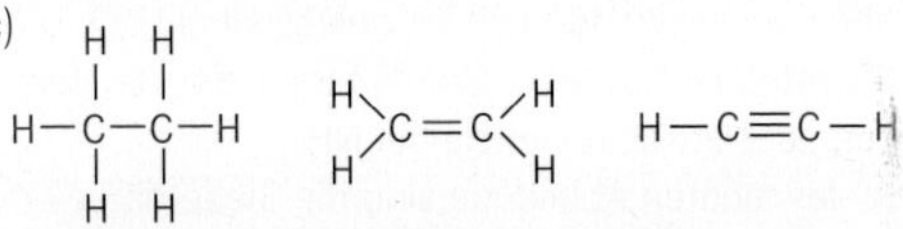

Je weniger Wasserstoff-Atome eines dieser Moleküle enthält, umso ausgeprägter sind Mehrfachbindungen vorhanden. Das linke Molekül bezeichnet man als *gesättigt,* es enthält die maximal mögliche Anzahl von H-Atomen und keine Mehrfachbindung. Die beiden anderen Moleküle sind *ungesättigt.*

d) 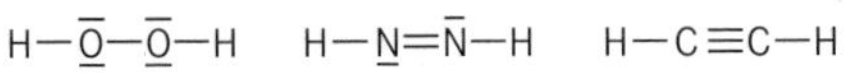

Auch hier nimmt von links nach rechts der Grad der Ungesättigtheit zu.

e) 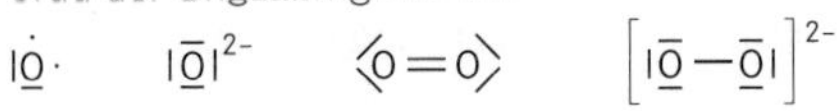

Das Sauerstoff-Atom nimmt zwei Elektronen auf, um zum Oxid-Ion mit acht Valenzelektronen zu werden; Letzteres hat eine Edelgaskonfiguration. Das Disauerstoff-Molekül O_2 kann ebenfalls ein Molekül-Ion mit zwei überschüssigen Elektronen bilden. Sowohl im Disauerstoff-Molekül als auch im Disauerstoff-Dianion haben alle Atome eine Edelgaskonfiguration, also acht Außenelektronen (bitte nachprüfen).

5.7 Die räumliche Gestalt von Molekülen

Übung 1 Seite 82

H_2S: *gewinkelt,* wie H_2O
PH_3: *pyramidal,* wie NH_3
SiH_4: *tetraedrisch,* wie CH_4

Übung 2 Seite 82

H_2O_2: *gewinkelt.* Zwischen den beiden O-Atomen gibt es eine Einfachbindung. Die Bindungsverhältnisse in diesem Molekül sind ähnlich wie im C_2H_6 (vgl. Textabbildung), wenn man sich C durch O ersetzt denkt und nicht drei H-Atome, sondern ein H-Atom und zwei Elektronenpaare an jedem O-Atom sind. Die beiden freien Elektronenpaare erzwingen die gewinkelte Geometrie.

N_2H_2: *gewinkelt.* Zwischen den beiden N-Atomen gibt es eine Doppelbindung. Die Bindungsverhältnisse in diesem Molekül sind ähnlich wie im C_2H_4 (vgl. Textabbildung), wenn man sich C durch N ersetzt denkt und nicht zwei H-Atome, sondern ein H-Atom und ein freies Elektronenpaar an jedem N-Atom sind. Das freie Elektronenpaar erzwingt die gewinkelte Geometrie.

C_2H_2: *linear* (vgl. Textabbildung).

Übung 3 Seite 82

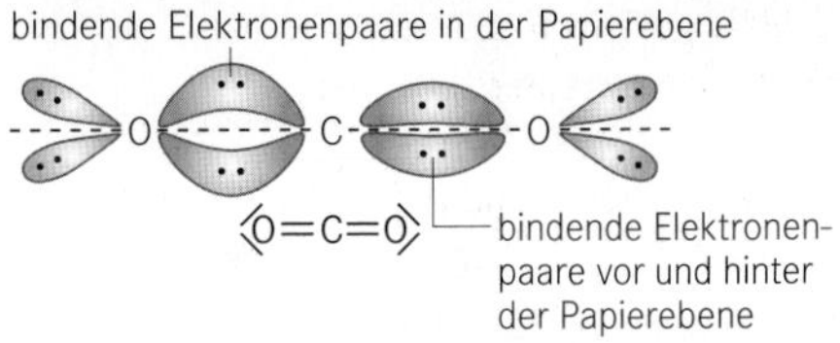

Die drei Atome im CO_2 liegen auf einer Geraden. Die Ebenen der beiden Doppelbindungen stehen senkrecht zueinander.

5.8 Unpolare und polare Elektronenpaarbindungen, Elektronegativität, Dipol-Moleküle

Übung 1 Seite 84

Die Elektronegativität (EN) ist ein Maß dafür, wie stark ein Atom Elektronen anzieht.

Übung 2 Seite 84

Kohlenstoff wird mit einer Vielzahl von Elementen Elektronenpaarbindungen eingehen. Mit solchen Elementen, die eine sehr hohe EN haben, wird eine polare Elektronenpaarbindung entstehen, mit vielen anderen eine eher unpolare Elektronenpaarbindung. Wenn überhaupt, wird es Ionenbindungen des Kohlenstoffs nur mit den Elementen mit der allerkleinsten Elektronegativität geben, also den Alkali- und Erdalkalimetallen.

Übung 3 Seite 84

Edelgase gehen keine chemischen Bindungen ein.

Übung 4 Seite 86

HCl: Dipol-Molekül: $\Delta EN = 0,9$ führt zu einer negativen Teilladung am Chlor.

CH_4: Kein Dipol-Molekül: $\Delta EN = 0,4$ reicht nicht aus, um Teilladungen zu erzwingen.

CF_4: Kein Dipol-Molekül: $\Delta EN = 1,5$ würde zwar ausreichen, aber der symmetrische Molekülbau (regelmäßiger Tetraeder) bewirkt, dass sich alle Teilladungen wieder ausgleichen und das Molekül nach außen unpolar wirkt.

NH_3: Dipol-Molekül: $\Delta EN = 0,9$ reicht aus, um Teilladungen zu bilden. Durch den pyramidenförmigen Bau des Moleküls können sich die einzelnen Teilladungen nicht ausgleichen.

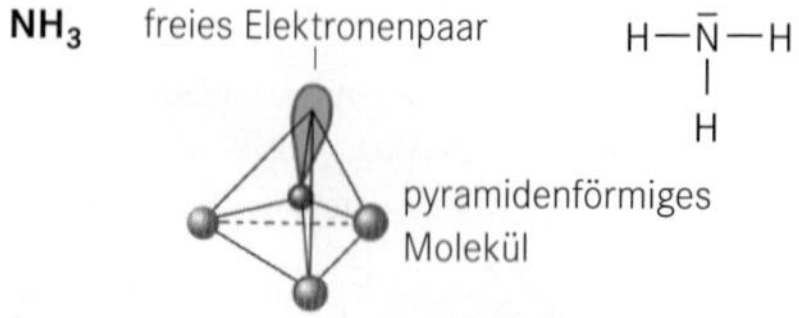

5.9 Kräfte zwischen Molekülen

Übung 1 Seite 88

SiH_4 ist völlig unpolar, denn $\Delta EN = 0,3$. Es können nur Van-der-Waals-Kräfte auftreten. Sowohl HCl als auch H_2O können H-Brücken eingehen, ihre Siedetemperaturen müssen also höher sein als die von SiH_4. Bei HCl ist $\Delta EN = 0,9$, bei H_2O dagegen ist $\Delta EN = 1,4$. Also werden die H-Brücken beim H_2O stärker sein, denn die Teilladungen werden größer sein. Außerdem kann H_2O pro Molekül zwei H-Brücken bilden (und zwei weitere empfangen), HCl hingegen hat nur ein H-Atom und kann nur eine H-Brücke eingehen (und eine empfangen). Also wird die Siedetemperatur von H_2O am höchsten von den drei Stoffen sein, die von HCl wird deutlich niedriger sein und am niedrigsten ist die Siedetemperatur von SiH_4.

Übung 2 Seite 88

In der linken Abbildung sind die Siedetemperaturen der Wasserstoff-Verbindungen von Nichtmetallen der 2. Periode dargestellt. CH_4 hat die niedrigste Siedetemperatur von allen, denn das CH_4-Molekül ist unpolar und es können nur Van-der-Waals-Kräfte auftreten. NH_3 ist ein Dipol-Molekül und es kann H-Brücken mit benachbarten NH_3-Molekülen eingehen, allerdings nur 2 pro Molekül (eine gegebene und eine empfangene). Die Siedetemperatur ist deutlich höher als die von CH_4. Man findet ein Maximum der Siedetemperatur bei H_2O, denn die H-Brücken sind hier sowohl häufiger (4 pro Molekül) als auch stärker als bei NH_3 (denn ΔEN ist höher). Bei HF schließlich findet man die stärksten H-Brücken ($\Delta EN = 1,9$), aber wiederum nur halb so viele wie bei H_2O. Die Siedetemperatur liegt also tiefer als die von Wasser, aber etwas höher als bei NH_3.

In der rechten Abbildung sind die Siedetemperaturen der Wasserstoff-Verbindungen von Elementen der 4. Hauptgruppe (grüne Kästchen) und 6. Hauptgruppe (rote Kästchen) aufgetragen. Bei der grünen Kurve sind nur Van-der-Waals-Kräfte zwischen den Molekülen möglich; je mehr Elektronen die Moleküle enthalten, desto stärker werden die Van-der-Waals-Kräfte. Also steigen die zwischenmolekularen Kräfte innerhalb der Hauptgruppe von oben nach unten an und damit auch die Siedetemperaturen. Bei der roten Kurve passt der Wert für H_2O nicht in diesen Trend, denn hier sind H-Brücken wirksam und erhöhen die Siedetemperatur sehr deutlich. Bei den übrigen Verbindungen gibt es keine H-Brücken, dort wirken nur die Van-der-Waals-Kräfte und dieser Teil der roten Kurve verläuft deshalb ziemlich genau parallel zur grünen.

5.10 Die Metallbindung

Übung 1 Seite 90

Metall	typische Eigenschaft	Verwendung
Aluminium	geringe Dichte	Leichtmetall im Automobilbau
Eisen	Festigkeit	Konstruktionsmetall, Baustahl
Kupfer	sehr hohe elektrische Leitfähigkeit	Stromkabel
Gold	goldene Farbe, Beständigkeit	Schmuckmetall

Übung 2 Seite 90

Metalle haben eine hohe elektrische Leitfähigkeit, da die Elektronen - die für den Ladungstransport verantwortlich sind - in ihnen frei beweglich sind. In geschmolzenen Metallen bewegen sich die Atomrümpfe stärker als im festen Zustand, daher behindern sie die Bewegung der Elektronen und die Leitfähigkeit ist folglich geringer. In Salzen gibt es keine beweglichen Elektronen. Der Ladungstransport wird hier von Ionen übernommen. Im festen Zustand befinden sich diese aber an ihren Gitterplätzen und sind nicht beweglich. Feste Salze sind deshalb elektrische Isolatoren. Erst im flüssigen Zustand werden die Ionen beweglich, man beobachtet jetzt eine elektrische Leitfähigkeit.

Test

Übung 1 Seite 92

a) Ausschlaggebend für die Art der chemischen Bindung ist die Differenz der Elektronegativitäten, ΔEN [4 P].

Stoff	ΔEN	Art der chemischen Elemente	Art der chemischen Bindung	Schmelztemperatur
H_2	**0,0**	Nichtmetall	Elektronenpaarbindung, unpolar	sehr niedrig
NaCl	**2,1**	Metall-Nichtmetall	Ionenbindung	sehr hoch
Na	**0,0**	Metall	Metallbindung	hoch
HCl	**0,9**	Nichtmetall-Nichtmetall	Elektronenpaarbindung, polar	niedrig

b) Schmelztemp.: $H_2 < HCl < Na < NaCl$ [1 P]

Übung 2 Seite 92

Es gilt der Grundsatz „Ähnliche Stoffe lösen sich gut ineinander" - Wasser hat eine polare Elektronenpaarbindung, folglich lösen sich darin solche Stoffe gut, die ebenfalls eine polare Elektronenpaarbindung haben [1 P]. Bei NH_3 ($\Delta EN = 0,9$) und HCl ($\Delta EN = 0,9$) ist das der Fall [1 P], bei I_2 ($\Delta EN = 0,0$) dagegen nicht [1 P].

Übung 3 Seite 92

Bei dem abgeschiedenen Feststoff muss es sich um elementares Kupfer handeln (orangerot, metallisch glänzend), das zuvor in Form von Cu^{2+}-Ionen in der Lösung war [1 P]. Man kann also folgende Teilgleichung aufstellen:

$Cu^{2+} + 2\,e^- \rightarrow Cu$ (Reduktion) [1 P]

Die dafür benötigten Elektronen können nur vom Zink-Metall stammen:

$Zn \rightarrow Zn^{2+} + 2\,e^-$ (Oxidation) [1 P]

Man kann die beiden Teilgleichungen zusammenfassen:

$Cu^{2+} + Zn \rightarrow Cu + Zn^{2+}$ (Redoxreaktion) [1 P]

Übung 4 Seite 92

In KBr sind einfach positiv geladene (K^+) und einfach negativ geladene (Br^-) Ionen enthalten.
In Al_2O_3 sind die Ionen dagegen dreifach positiv (Al^{3+}) und zweifach negativ (O^{2-}) geladen. Die gegenseitige Anziehung der Ionen im Ionengitter ist bei Al_2O_3 größer als bei KBr, folglich ist auch die Gitterenergie bei Al_2O_3 größer. Es wird mehr Energie benötigt, um das Ionengitter beim Al_2O_3 zu zerstören. Diese Energie muss in Form von Wärme bereitgestellt werden [2 P].
Wegen der höheren Gitterenergie wird Al_2O_3 wesentlich schlechter in Wasser löslich sein als KBr, vermutlich sogar unlöslich [2 P].

Übung 5 Seite 92

a) (vgl. Kapitel 5.8, Übung 4) [2 P]
b) $N_2 + 3\,H_2 \rightarrow 2\,NH_3$ [2 P]
c) Elementarer Stickstoff (N_2) enthält eine Dreifachbindung. Um diese zu lösen, ist vergleichsweise viel Energie erforderlich, die zu Beginn der Reaktion aufgewendet werden muss. [2 P]

Übung 6 Seite 92

Lewis-Formel: $|\overline{Cl}-\overline{O}|^{\ominus}$ [1 P]

Redoxgleichung formulieren

Zuerst muss man die im Text genannten Stoffe notieren und ihnen Oxidationszahlen zuweisen:

Edukte: $\overset{+I}{Na}\overset{-II}{O}\overset{+I}{H}$, $\overset{0}{Cl_2}$

Produkte: $|\overset{+I}{\overline{Cl}}-\overset{-II}{\overline{O}}|^{\ominus}$, $\overset{-I}{Cl^-}$

Aus dem Text ergibt sich, dass bei der Reaktion Wasser entsteht („feucht/klumpig"):

$\overset{+I}{H_2}\overset{-II}{O}$

Schließlich müssen die Na^+-Ionen auch bei den Produkten wieder auftauchen, denn sie können nicht verschwinden. Das alles fasst man in einer vorläufigen Reaktionsgleichung zusammen, die noch nicht ausgeglichen ist:

$NaOH + Cl_2 \rightarrow Cl^- + OCl^- + H_2O + Na^+$.

Dann untersucht man, ob eine Redox-Reaktion vorliegt. Das ist hier der Fall, denn die Oxidationszahl des Chlors ändert sich: elementares Chlor: 0; Chlorid-Ionen: -I; Hypochlorit-Ionen: +I. Darüber hinaus ändert sich die Oxidationszahl bei keinem weiteren Element. Also muss Chlor sowohl oxidiert als auch reduziert werden. Man formuliert also die Teilgleichungen:

$$\overset{0}{Cl} + 1e^- \longrightarrow \overset{-I}{Cl^-}$$

$$\overset{0}{Cl} \longrightarrow \overset{+I}{Cl^+} + 1e^-$$

Aus den beiden Teilgleichungen sieht man, dass pro Cl_2-Molekül genau *ein* Chlorid-Ion (Cl^-) und *ein* Hypochlorit-Ion (ClO^-) entstehen. Damit ist die Elektronenbilanz erledigt. Die Stoffbilanz ist nun einfach. Ergebnis:

$2\ NaOH + Cl_2 \rightarrow Cl^- + OCl^- + H_2O + 2\ Na^+$ [4 P]

Erklärung der Beobachtungen:

Beobachtung	Erklärung
Wärmeentwicklung	Reaktion ist exotherm
Farbe und Geruch verschwinden	kein elementares Chlor mehr vorhanden
feucht und klumpig	Wasser entsteht

[jeweils 1 P: insgesamt 3 P]

6 Wichtige Elemente und Verbindungen

6.1 Luft: ein lebensnotwendiges Gasgemisch

Übung 1 Seite 94

Na_2O, MgO, Al_2O_3, SiO_2, P_2O_5, SO_3, Cl_2O_7.
Von Argon gibt es kein Oxid.

Übung 2 Seite 94

Wasser (H_2O) hat wegen des Elektronegativitätsunterschieds von Sauerstoff und Wasserstoff polare Elektronenpaarbindungen. Es löst besonders gut solche Stoffe, die ebenfalls polare Bindungen haben. Das ist bei Kohlenstoffdioxid (CO_2) und Schwefeldioxid (SO_2) der Fall. SO_2 ist überdies gewinkelt gebaut, es ist also ebenso wie Wasser ein Dipol-Molekül. - Das O_2-Molekül hat dagegen keine polaren Bindungen, es ist unpolar. Deshalb löst es sich in Wasser deutlich schlechter als die beiden anderen Stoffe.

Übung 3 Seite 95

Da Luftstickstoff von den Pflanzen des Ackers nicht aufgenommen werden kann, muss er von Düngemitteln in einer chemisch gebundenen Form zur Verfügung gestellt werden.

Übung 4 Seite 95

Alle Edelgase haben acht Elektronen auf der äußeren Schale. Sie besitzen also bereits von Natur aus eine Edelgaskonfiguration. Weder die Abgabe noch die Aufnahme von Elektronen bei einer chemischen Reaktion wäre für sie erstrebenswert.

6.2 Wasser: ein Stoff mit ungewöhnlichen Eigenschaften

Übung 1 Seite 97

Da die Benzin-Moleküle nur unpolare Bindungen enthalten, kann der Zusammenhalt zwischen ihnen nicht sehr groß sein: Es kommen nur Van-der-Waals-Kräfte infrage. Deshalb kann auch die Oberflächenspannung von Benzin nicht groß sein – zu gering für den Wasserläufer. Man sieht das übrigens auch daran, dass sich verschüttetes Benzin zu einer großen, sehr flachen Lache ausbreitet, während Wasser sich zu Tröpfchen zusammenzieht.

Übung 2 Seite 97

Das Salz kann man am leichtesten entfernen, indem man das Wasser verdampft und wieder kondensiert. Das kann in einer Destillationsapparatur geschehen – dabei müsste man allerdings noch heizen, was Energiezufuhr erfordert. Da es in den meisten trockenen Ländern reichlich Sonnenschein gibt, könnte man das Salzwasser in große Becken leiten, die mit geneigten Glasdächern versehen sind. Die Sonne scheint hindurch, erwärmt das Salzwasser im Becken und lässt das Wasser verdampfen. Der Wasserdampf kondensiert an den Glasscheiben und das flüssige Wasser läuft in Sammelrinnen (vgl. Abb.).

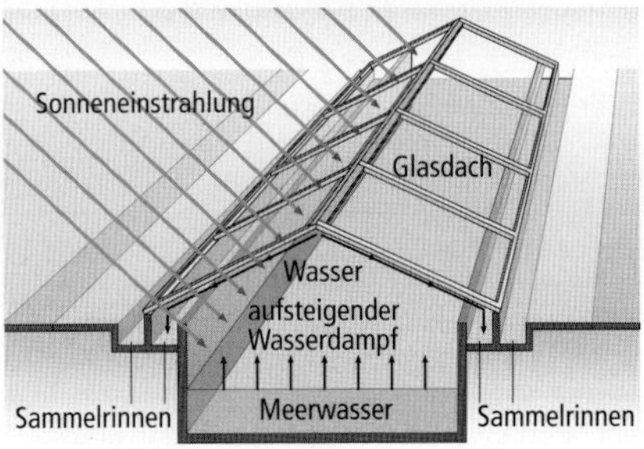

Übung 3 Seite 97

Bei der Verbrennung von Wasserstoff entstehen keine schädlichen Gase, sondern nur sauberes Wasser. Wenn es gelingt, den Wasserstoff auch noch „sauber" zu erzeugen (vgl. Text), hat man einen Brennstoffkreislauf ohne Schadstoffausstoß.

6.3 Alkali- und Erdalkalimetalle

Übung 1 Seite 100

Das Petroleum verhindert, dass die Alkalimetalle mit Luft bzw. Luftfeuchtigkeit in Kontakt kommen, die bei jedem Öffnen des Gefäßes zwangsläufig hineingelangen.

Übung 2 Seite 100

a) $6\,Li + N_2 \rightarrow 2\,Li_3N$
b) Lithiumnitrid
c) Zur Spaltung des N_2-Moleküls wird eine sehr hohe Energie benötigt. Diese Aktivierungsenergie muss zunächst durch Erhitzen bereitgestellt werden, auch wenn die Gesamtreaktion exotherm verläuft.
d) Ionenbindung (bestehend aus Li^+- und N^{3-}-Ionen)

6.4 Halogene

Übung 1 Seite 102

a) KCl: Ionenbindung, da ΔEN = 2,2. Also: Feststoff, spröde, hohe Schmelz- und Siedetemperatur, keine elektrische Leitfähigkeit (aber Schmelze und wässrige Lösung leiten); wegen der Ähnlichkeit zu NaCl (Kochsalz) erwartet man gute Wasserlöslichkeit und Farblosigkeit.
b) HCl: polare Elektronenpaarbindung, da ΔEN = 0,9. Also: Gas (oder Flüssigkeit mit niedriger Siedetemperatur), keine elektrische Leitfähigkeit, gute Wasserlöslichkeit
c) Cl_2: unpolare Elektronenpaarbindung, da ΔEN = 0. Also: Gas, keine elektrische Leitfähigkeit, schlechte oder mäßige Wasserlöslichkeit

Übung 2 Seite 102

a) $2\,F_2 + O_2 \rightarrow 2\,F_2O$
b) |F̅—O̅—F̅| bzw. 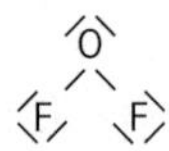

Die linke Formel ist als Lewis-Formel völlig ausreichend. Die rechte Formel enthält Zusatzinformationen zur Geometrie des Moleküls (gewinkelt, vgl. H_2O).
c) Fluor ist der elektronegativere Bindungspartner und erhält deswegen die Endung -id im Namen Sauerstoffdifluorid (vgl. S. 48). F_2O ist eine der wenigen Verbindungen, in denen das Sauerstoff-Atom eine positive Teilladung hat (EN von F = 4,0; EN von O = 3,5). Es ist demzufolge eines der stärksten Oxidationsmittel.

6.5 Kohlenstoff und seine Verbindungen

Übung 1 Seite 103

Ein Stück Diamant ist ein einziges Riesenmolekül. Alle Atome darin sind durch Elektronenpaarbindungen dreidimensional vernetzt. Wenn man einen Diamanten verformen oder spalten will, müssen dafür zahllose Elektronenpaarbindungen getrennt werden. Dies erfordert außerordentlich viel Energie, die bei mechanischen Vorgängen normalerweise nicht zur Verfügung steht. Deshalb widersetzt sich ein Diamant der Verformung.

Übung 2 Seite 103

$Ca^{2+}_{(aq)} + 2\ OH^-_{(aq)} + CO_{2(g)} \rightarrow CaCO_{3(s)} + H_2O_{(l)}$

6.6 Säuren, Laugen und Salze

Übung 1 Seite 106

Man kann die Reaktion in Ionenschreibweise formulieren:

$Ca^{2+}_{(aq)} + 2\ OH^-_{(aq)} + 2\ H^+_{(aq)} + 2\ Cl^-_{(aq)}$

$\rightarrow Ca^{2+}_{(aq)} + 2\ Cl^-_{(aq)} + 2\ H_2O$

oder alternativ (kürzer):

$Ca(OH)_2 + 2\ HCl \rightarrow CaCl_2 + 2\ H_2O$

Übung 2 Seite 106

Das Gas ist Kohlenstoffdioxid, CO_2. Es ist keine Säure, da es keine Protonen abgeben kann.
Erst in Wasser entsteht daraus die Kohlensäure (H_2CO_3) gemäß:

$CO_2 + H_2O \rightarrow H_2CO_3$.

In Gegenwart von weiterem Wasser kann die Kohlensäure in zwei Stufen Protonen abgeben:

$H_2CO_3 + 2\ H_2O \rightarrow H_3O^+ + HCO_3^- + H_2O$

$\rightarrow 2\ H_3O^+ + CO_3^{2-}$

Zusatzinfo: Kohlensäure ist eine schwache Säure, d. h., dass die Protonenabgabe nicht vollständig verläuft.

Übung 3 Seite 108

$M(NaOH) = 40{,}0\ g/mol$. Für 1 Liter einer Natronlauge mit $c = 1\ mol/L$ würde man also 40,0 g NaOH benötigen. Da die Konzentration nur 0,5 mol/L betragen soll, muss man diese Masse durch 2 teilen, und da nur 250 mL (= $\frac{1}{4}$ L) benötigt werden, noch einmal durch 4. Also: $\frac{40{,}0\ g}{2 \cdot 4} = 5{,}0\ g$.

Übung 4 Seite 108

10 mL einer Schwefelsäure mit $c(H_2SO_4) = 2\ mol/L$ enthalten 0,02 mol H_2SO_4. Das sind bei vollständiger Dissoziation 0,04 mol H_3O^+-Ionen.
Für die Natronlauge ist hier die Massenkonzentration angegeben: $c(NaOH) = 20\ g/L$. Das entspricht einer Stoffmengenkonzentration von 0,5 mol/L (erhalten durch Division durch $M = 40{,}0\ g/mol$) bzw. 0,0005 mol/mL.
Um herauszufinden, wie viele Milliliter benötigt werden, teilt man die Stoffmenge der vorgelegten H_3O^+-Ionen durch die Stoffmengenkonzentration der NaOH: $\frac{0{,}04\ mol}{0{,}0005\ mol/mL} = 80\ mL$.

Test

Übung 1 Seite 109

Hinweis: Diese Aufgabe greift eine Reihe von Themen auf, die dir in diesem Buch bereits begegnet sind, und verknüpft diese miteinander.

a) Die Flamme wird gelb gefärbt sein. [1 P]
b) $2\ Na + Cl_2 \rightarrow 2\ NaCl$ [2 P]
c) Oxidation: $2\ Na \rightarrow 2$ [1 P] $Na^+ + 2\ e^-$ [1 P]
Reduktion: $Cl_2 + 2\ e^- \rightarrow 2\ Cl^-$ [1 P]
d) [1 P für jede richtige Erklärung: insgesamt 3 P]

Beobachtung	Erklärung
Elektrische Leitfähigkeit	Lösung enthält Ionen
Weißlicher Niederschlag	Nachweis für Chlorid-Ionen (Cl^-)
Würfelförmige Kristalle	Kochsalz kristallisiert beim Eindampfen aus

e) Anodenreaktion: $2\ Cl^- - 2\ e^- \rightarrow Cl_2$ (Umkehrung der Reduktion von Teilaufgabe c)) [2 P]
f) An der Anode entsteht elementares Chlor, das sich durch seine Farbe und seinen Geruch zu erkennen gibt. [1 P]
g) Kathodenreaktion: $2\ Na^+ + 2\ e^- \rightarrow 2\ Na$
Man erwartet zunächst die Umkehrung der Oxidation von Teilaufgabe c). Allerdings wird nicht das Abscheiden von metallischem Natrium beobachtet, sondern die Entwicklung eines farblosen, brennbaren Gases, das eine positive Knallgasprobe ergibt. Das kann nur Wasserstoff sein. Aus Kapitel 6.3 ist außerdem bekannt, dass Alkalimetalle heftig mit Wasser reagieren. Also muss das Natrium, sobald es an der Kathode entsteht, sofort weiterreagieren (vgl. Abschnitt 5.4).
Reaktionsgleichung:
$2\ Na^+ + 2\ e^- + 2\ H_2O \rightarrow 2\ NaOH + H_2$ [3 P]
h) Im Gegensatz zu der Elektrolyse einer ZnI_2-Lösung ist diese Elektrolyse nicht umkehrbar (reversibel), da die beiden gasförmigen Reaktionsprodukte entweichen. Man kann sie also nicht als Aufladen bezeichnen. [3 P]

Übung 2 Seite 109

Hier geht es um die Zusammenhänge von Struktur und Eigenschaft. Die Begründung geht ganz ähnlich wie bei den Modifikationen des Kohlenstoffs (vgl. Kapitel 6.5). Beim weißen Phosphor haben wir es mit einzelnen Molekülen zu tun, in denen unpolare Elektronenpaarbindungen vorliegen. Daher kann es zwischen diesen Molekülen nur Van-der-Waals-Kräfte geben, ihr Zusammenhalt wird schwach sein. Dagegen gibt es beim schwarzen Phosphor unendliche Schichten in zwei Dimensionen, also einen deutlich stärkeren Zusammenhalt der Phosphor-Atome. Beim schwarzen Phosphor werden Schmelztemperatur, Härte und Dichte also größer sein als beim weißen Phosphor, die Löslichkeit in unpolaren(!) Lösungsmitteln aber geringer.

Eigenschaft	Weißer Phosphor	Schwarzer Phosphor
Schmelztemperatur	44 °C	ca. 600 °C
Löslichkeit	löslich	unlöslich
Härte	weich	hart
Dichte	1,82 g/cm³	2,69 g/cm³

[1 P für jede richtige Eigenschaft: 4 P]

Übung 3 Seite 110

Hier geht es um Kräfte zwischen Molekülen. Die OH-Gruppen des „Zauber-Granulats" können Wasserstoffbrücken zu Wassermolekülen bilden. [2 P] Damit werden die Wassermoleküle ziemlich fest an das Granulat gebunden, denn Wasserstoffbrücken sind die stärksten bekannten Wechselwirkungen zwischen Molekülen. [1 P] Offensichtlich werden pro OH-Gruppe sogar mehrere Wassermoleküle festgehalten. [1 P] Erst wenn die Umgebung des Granulats trocken ist (also keine Wassermoleküle mehr enthält), werden die Wassermoleküle aus dem Granulat wieder freigegeben. [1 P]

Übung 4 Seite 110

HCl	zwei Nichtmetalle; ΔEN = 0,9 → polare Elektronenpaarbindung, wobei Wasserstoff der positive Partner ist → gute Wasserlöslichkeit. In Wasser erfolgt Weiterreaktion gemäß $HCl + H_2O \rightarrow H_3O^+ + Cl^-$. Die entstehenden H_3O^+-Ionen sind für die saure Reaktion der Lösung verantwortlich.
H_2	Nichtmetall; ΔEN = 0,0 → unpolare Elektronenpaarbindung → schlechte Wasserlöslichkeit. Keine weitere Reaktion mit Wasser.
NaH	Metall und Nichtmetall; ΔEN = 1,2 → polare Elektronenpaarbindung (oder sogar schon Ionenbindung?); hier ist der Wasserstoff der negative Partner → gute Wasserlöslichkeit. Weiterreaktion gemäß $NaH + H_2O \rightarrow NaOH + H_2$. Wasserstoffgas entweicht (vgl. Beobachtungen). Die verbleibende Lösung ist alkalisch, da sie OH^--Ionen enthält.

Bibliographisches Institut GmbH, Bouchéstraße 12, 12435 Berlin
ISBN 978-3-411-87132-2